U0206329

配电网中性点 YNyn6 变压器型电压源接地方式及原理

刘红文　曾祥君　赵现平◎著

西南交通大学出版社

·成　都·

图书在版编目（CIP）数据

配电网中性点 YNyn6 变压器型电压源接地方式及原理 /
刘红文，曾祥君，赵现平著. -- 成都：西南交通大学出
版社，2024. 6. -- ISBN 978-7-5643-9874-3

Ⅰ. TM72

中国国家版本馆 CIP 数据核字第 20242ZK415 号

Peidianwang Zhongxingdian YNyn6 Bianyaqixing Dianyayuan Jiedi Fangshi ji Yuanli
配电网中性点 YNyn6 变压器型电压源接地方式及原理

刘红文　曾祥君　赵现平　著

策 划 编 辑	李芳芳　余崇波
责 任 编 辑	张文越
封 面 设 计	GT 工作室
	西南交通大学出版社
出 版 发 行	（四川省成都市金牛区二环路北一段 111 号
	西南交通大学创新大厦 21 楼）
发行部电话	028-87600564　028-87600533
邮 政 编 码	610031
网　　　址	http://www.xnjdcbs.com
印　　　刷	成都蜀通印务有限责任公司
成 品 尺 寸	185 mm × 240 mm
印　　　张	7.75
字　　　数	147 千
版　　　次	2024 年 6 月第 1 版
印　　　次	2024 年 6 月第 1 次
书　　　号	ISBN 978-7-5643-9874-3
定　　　价	58.00 元

《配电网中性点 YNyn6 变压器型电压源接地方式及原理》

编 委 会

前言

配电网作为重要的公共基础设施，在保障电力供应、支撑经济社会发展、服务改善民生等方面发挥重要作用。2024 年 2 月 6 日，《国家发展改革委 国家能源局关于新形势下配电网高质量发展的指导意见》（发改能源〔2024〕187 号）中指出，随着新型电力系统建设的推进，配电网正逐步由单纯接受、分配电能给用户的电力网络转变为源网荷储融合互动、与上级电网灵活耦合的电力网络，在促进分布式电源就近消纳、承载新型负荷等方面的功能日益显著。

我国中压 6~66 kV 配电网主要采用中性点非有效接地方式（包括中性点不接地、经消弧线圈接地等），非有效接地系统占我国电网总量的 80%以上。随着新形势下配电网的高质量发展，城市配电网电缆化覆盖率增加，系统对地电容电流增大，现有接地方式下间歇性故障电弧难以自行熄灭。新兴中性点柔性接地技术及故障相转移技术也存在自身局限性，无法有效可靠消弧，从而易引发电缆沟起火、故障点人身触电等恶性事故，甚至进一步引发大面积长时间停电，严重影响电网运行安全性与供电可靠性。

为此，针对现有配电网单相接地故障消弧方法的不足，本书提出了 YNyn6 电力变压器型电压源补偿原理，研究了基于 YNyn6 电力变压器型的零序电压调控方法和故障相电压调节算法，设计了 Ynyn6 电力变压器型电压源补偿成套系统拓扑结构，提出了基于 Ynyn6 电力变压器型电压源调控的接地故障选相与选线方法；最后，通过 10 kV 真型配电网实验室对本书所提方法进行了试验验证。试验结果表明，YNyn6 电力变压器型电压源补偿装置能够有效应对各种复杂接地故障工况，有效抑制故障电弧，阻止电弧重燃，并能精准实现选相与选线，充分验证了 YNyn6 电力变压器型电压源接地故障处置技术的有效性及可行性，工程应用前景广阔。

由于编者知识水平有限，本书难免存在疏漏之处，敬请读者批评指正。

作　者

于西南交通大学

目 录 CONTENTS

第一章　绪　论 ·· 1

　　1.1　配电网接地故障消弧的意义 ··················· 1

　　1.2　配电网接地故障消弧技术现状 ·············· 2

第二章　YNyn6 电力变压器型电压源补偿原理 ·············· 5

　　2.1　配电网单相接地故障特征 ····················· 5

　　2.2　单相接地故障熄弧机理 ························· 12

　　2.3　YNyn6 电力变压器型电压源补偿原理 ········· 15

第三章　基于 YNyn6 电力变压器型的电压调控方法和

　　　　故障相电压调节控制算法 ················· 17

　　3.1　配电网故障相电压柔性调控方法 ············· 17

　　3.2　零序电压调控和故障相电压调节控制算法 ············· 19

　　3.3　仿真分析 ······································· 25

第四章　YNyn6 电力变压器型电压源补偿系统拓扑设计及关键参数确定 ········ 33

　　4.1　YNyn6 电力变压器型电压源补偿系统拓扑设计 ············· 33

　　4.2　补偿系统容量、漏抗、直流电阻参数确定 ················· 54

第五章　YNyn6 电力变压器型电压源调控的接地故障选相与选线方法 …………57

　　5.1　YNyn6 电力变压器型电压源调控的接地故障选线原理 …………57

　　5.2　YNyn6 电力变压器型电压源调控的接地故障选相原理 …………62

　　5.3　仿真分析 ………………………………65

第六章　YNyn6 电力变压器型电压源补偿装置性能测试 ………………73

　　6.1　YNyn6 电力变压器型电压源灭弧性能测试 ………………73

　　6.2　不同等效接地方式下性能分析 ………………87

　　6.3　选相失败条件下零序电流、故障电流分析 …………95

　　6.4　降压调节能力与电缆弧光阀值电压测试试验分析 …………100

　　6.5　10 kV 真型配电网实验室试运行效果 ………………105

参考文献 …………………………………109

第一章 绪 论

1.1 配电网接地故障消弧的意义

19 世纪末电力的发明和使用让人类迈向了电气时代，现今世界已是电的世界，人们生活方方面面都离不开电。随着现代电力化社会高速发展，各行各业对电力的需求也逐渐增大，配电网作为电力系统末端，深入人口活动密集区，直接与用户相连，其安全、可靠运行决定着用户是否能够获取优质电能[1-2]。但由于配电网分布较广、结构复杂、运行工况多变等，馈线极易发生短路、断线等问题。据统计，单相接地故障占比最大，在所有故障类型中高于 80%[3-6]。由于接地故障具有燃熄频繁、故障电流小、受环境影响随机性强等复杂特征。因此，接地故障抑制困难，若处理不及时，还将影响电网安全可靠运行，易造成经济损失和人身安全事故[7-9]。例如，2020 年西昌"3.30 森林火灾事故"，其原因为 10 kV 配电网电杆导流线发生接地故障，最终导致 19 名消防人员死亡，火灾面积超过 3 000 公顷，经济损失达 9 000 余万元[10]。

为保证配电网安全稳定运行，减小接地处故障电流，国内外中性点接地方式主要采用中性点非有效接地[11-16]。对于中性点不接地系统，发生单相接地故障，故障电流大小主要由配电网三相对地电容决定，随着配电网规模与材料的不断迭代，配电网三相对地电容增大，导致故障电流超过小电流接地系统上限，使得接地电弧难以瞬间自行熄灭，此时应转变中性点接地方式[17-19]；对于谐振接地系统，即中性点经消弧线圈接地，流过消弧线圈的感性电流对于故障处容性电流有一定的补偿作用，故障电流减小，但对于有功分量与谐波分量消弧线圈无能为力[20-24]。随着电力电子的发展，在接地电弧重燃机理上，一批有源消弧设备得以发展，但电力电子设备投入成本过高且控制元件存在不稳定性等因素。因此，针对故障电弧抑制，急需提出新的技术方案，提高配电网单相接地故障处理能力，使故障电弧快速切除。

2019 年国家电网发布了《关于加强大城市配电电缆单相接地故障快速处置的工作

通知》提出"瞬时故障安全消弧，永久性故障快速隔离"。在实现瞬时故障安全消弧的基础上，对于永久性接地故障需要快速进行故障馈线辨识，隔离故障馈线。然而，在故障发生后，消弧设备投入运行，故障电流减小，故障电气特征衰减，引起故障馈线隔离不及时，配电网长时间带故障运行，存在巨大安全隐患，无法满足用户电能质量需求[25-28]。

综上分析，现有配电网单相接地故障消弧技术灭弧能力有限，开展 YNyn6 电力变压器型电压源接地故障处置技术研究有助于提高配电网安全可靠运行水平，保障设备及人身安全。

1.2　配电网接地故障消弧技术现状

据统计，单相接地故障占比最大，在所有故障类型中高于 80%，单相接地故障处理不及时会逐渐从高阻接地故障演变成金属性接地故障，最终还可能导致相间故障，引起设备绝缘击穿引发火灾、人身触电等安全问题，并造成大面积停电[29-32]。因此，国内外开始对配电网单相接地故障展开研究，将单相接地故障抑制在初始时刻，防止故障电弧重燃[33-37]。根据补偿对象可将配电网消弧方法划分为电流消弧法和电压消弧法。

1．电流消弧法

电流消弧法可细分为无源电流消弧法与有源电流消弧法。无源电流消弧法原理为电网中性点和大地间通过可调电感相连，当发生接地故障时通过可调电感输出感性电流，补偿故障点容性电流。国内外应用最早的无源电流消弧法是由德国彼得生提出的中性点经消弧线圈接地，根据故障电流大小，通过调节消弧线圈匝数，改变电感值，补偿故障电流容性分量。按照消弧线圈调节方式可分为人工调匝与自动调匝，人工调匝设计简单，操作方便在早期被广泛应用，但由于操作不当会引发新的问题，如误操作将产生谐振过电压等，自动调匝逐渐替代人工调匝，自动调匝又分为预调式和随调式。预调式指的是在发生单相接地故障前，根据系统现有参数计算出所需消弧线圈电感大小，在系统正常运行时不投入，发生单相接地故障后投入运行。随调式指的是在发生单相接地故障后进行消弧线圈电感大小调节，同时在系统正常运行时也投入系统，一般保证系统过补偿10%[38-41]为此国内外相关学者相继研发了分级调节式消弧线圈、直流偏磁式消弧线圈、电力电子开关调匝式消弧线圈，气隙调感式消弧线圈等[42-47]。

但总的来说，无论哪一种调谐方式都需要对地参数的精确测量，且其根本只能针对故障处无功分量，对于故障电流有功分量与谐波分量无能为力。

为实现故障电流的全补偿，有源电流消弧法逐渐成为学者新的研究方向，有源电流消弧原理为通过互感器测量并计算故障电流，在已知故障电流大小前提下注入大小相等方向相同的零序电流，从而实现全电流补偿消弧[48-54]。有源电流消弧法相较于无源电流消弧法存在两个方面的改进，一方面无源电流消弧法单纯改进消弧线圈无法满足故障电流全补偿要求，另一方面无源电流消弧法未对有功分量和谐波分量提取与分析。有源电流消弧法可以利用逆变器，变压器等设备替代消弧线圈产生任意补偿电流，包括有功、无功与谐波分量[55-57]。如文献[58][59]提出 GFN 接地故障综合保护技术，通过注入零序电流，改变故障馈线零序导纳使其恢复正常，文献[60]提出利用柔性接地装置向中性点注入以特定频率电流，采用双端测量法得出系统对地参数，进而根据所得参数算出所需补偿电流，再次使用柔性装置向中性点注入补偿电流，从而实现故障消弧。

但无论是无源电流消弧法还是有源电流消弧法，其本质均需获取故障电流数值，而在电力系统工程应用中故障电流数值难以精确获取，同时，存在消弧残流较大，消弧效果受控制方式、配电网运行状态变化等影响较大。

2．电压消弧法

针对电流消弧法所存在问题，电压消弧法应运而生。电压消弧法是以控制故障相电压为目标，通过抑制故障相电压幅值、故障相恢复电压初速度与延长故障相电压恢复时间，从而实现故障熄弧。

目前运用的电压消弧法大多为故障相转移消弧技术，其原理为在站内设置接地支路，当发生接地故障时，通过站内短接故障相母线，实现接地支路短路电流的转移，从而将故障相电压减小到零。在故障相转移技术的基础上，文献[61]提出采用快速开关型接地故障处理技术，发生故障后根据选相结果，利用快速开关将故障相电压直接降至零，阻止电弧重燃。然而，该方法存在些微不足，快速开关闭合后，转移电流可能过大，易发生人身触电，且选相失败条件下，存在相间故障风险。针对上述问题，文献[62]提出故障残余电流转移消弧方法，故障后先利用消弧线圈对故障电流进行一部分补偿，再投入故障相转移技术，实现故障消弧，从而降低转移电流，且减小选相错误带来的影响。文献[63]提出采用附加电阻进行故障选相方法，提高选相准确率，同时将故障电流从故障点通过中性点附加阻抗流入变电站，降低了故障电流。故障相转移技术钳制了故障相电压为零，有效抑制了故障燃弧，同时还具备提高故障定位精度、简便易行等优点，但发生低阻接地故障时，转移接地点与故障处构成回路产生较大的环路电流，其消弧效果会受到一定影响。为此，文献[64][65]提出的柔性消弧技术原理是通过电力电子设备在系统中性点注入大小与相位可调电流，调节中性点电压与故障相电源电势相反，从而将故障相电压降低至零，实现故障熄弧。但该方法所采用的电力电子熄弧设备造价成本高，且达到理想的消弧效果需要精确的对地参数测量，同时还存在控制元件可靠性不稳定等问题。

综上所述，电流消弧法以故障电流为控制目标，对故障电流精确的动态测量难以实现。而电压消弧法以故障相电压为控制目标，虽然已经取得不少研究成果，但无论是故障相转移技术还是采用电力电子设备的柔性消弧技术在综合层面上都存在一定的弊端。因此，亟需提出一种新的配电网接地故障消弧方法，保障系统可靠运行。

第二章　YNyn6 电力变压器型电压源补偿原理

中压配电网单相接地故障频发，且故障危害大。为抑制单相接地故障带来的危害，实现单相接地故障可靠消弧，提出了基于 YNyn6 型变压器主动降压消弧方法。考虑 YNyn6 型变压器内阻抗的情形下，分析 YNyn6 型变压器主动降压消弧原理、消弧动态过程和 YNyn6 型变压器内阻抗与消弧效果的内在联系，提出了利用 YNyn6 型变压器实现最佳熄弧效果方案。并在 10 kV 真型试验场与 PSCAD/EMTDC 仿真环境中模拟配电网接地故障，现场试验结果表明 YNyn6 型变压器具备非电力电子熄弧能力，验证了所提方法的可行性；仿真结果表明在不同接地电阻下，均可通过 YNyn6 型变压器实现最佳熄弧效果。

2.1　配电网单相接地故障特征

2.1.1　中性点不接地配电网单相接地故障特征

考虑到传统以架空线路为主的中压电网，单相接地故障电容电流较小（一般小于 10 A），且系统瞬时性故障发生频率占比较大，为保证电网供电可靠性，降低故障跳闸率，电力系统中低压电网多改为采用中性点不接地方式，即电网不存在中性点或所有中性点对地均绝缘（悬空）的接地方式。事实上，不接地系统仍然通过电网对地电容进行接地，图 2.1 所示为中性点不接地系统发生单相接地故障示意。其中，C_T 为发电机组单相对地电容，$\dot{I}_{C_{AT}}$、$\dot{I}_{C_{BT}}$、$\dot{I}_{C_{CT}}$ 分别为发电机组的三相对地电容电流；Cx 为第 x 条线路的单相对地电容，$\dot{I}_{C_{Ax}}$、$\dot{I}_{C_{Bx}}$、$\dot{I}_{C_{Cx}}$ 分别为该线路三相对地电容电流，x 的取值范围为 $[1, n]$，则 $\dot{I}_C = \sum_{x=1}^{n}\left(\dot{I}_{C_{Ax}} + \dot{I}_{C_{Bx}} + \dot{I}_{C_{Cx}}\right)$ 为系统对地电容电流；中性点零序电压为 $\dot{U}_0 = \dot{U}_A + \dot{U}_B + \dot{U}_C$。

当中性点不接地系统发生单相接地故障时，各相间的电压大小和相位保持不变，三相系统的平衡没有遭到破坏，且无短路回路存在，仅有系统本身对地电容电流流经故障点，即 $\dot{I}_\mathrm{f}=\dot{I}_\mathrm{C}$，与负荷电流相比故障电流很小，对用户供电并无影响，因此系统仍可带故障运行 1~2 个小时，保证供电连续性。同时，针对瞬时性单相接地故障的发生，相比于直接接地方式，中性点不接地电网故障电流比较小，不易引起线路跳闸，且接地电弧可能过零熄灭，熄弧后故障点绝缘自行恢复，系统恢复正常运行状态。这都是不接地方式的主要优点。

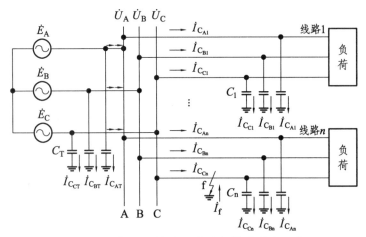

图 2.1　中性点不接地系统单相接地故障示意

然而，不接地系统故障电流较小，对继电保护可靠性、故障检测与定位精度提出了更高的要求。一旦故障隔离不及时，长期带接地故障运行导致非故障相电压持续升至线电压，易造成绝缘薄弱点击穿，造成事故扩大，威胁人身安全，干扰通信系统。

此外，随着电网规模日益扩大，电网线路逐渐由架空线向电缆过渡，系统对地电容电流随之急剧增大，当电容电流值 I_C 大于 10 A 时，接地点处电弧难以自行熄灭，将对系统造成如下危害：

（1）接地点电弧反复熄灭与重燃，产生过电压等级极高的间歇性弧光接地过电压，其幅值可达正常相电压的 4~8 倍，若故障未及时处理，将对电气设备的绝缘薄弱造成极大的威胁，引起事故的扩大。

（2）由于如今电缆线路在电网中大范围推广应用，电缆沟作为用以敷设和更换电缆设施的地下管道而大量出现，极易积水或淤积脏物等，致使电缆保护层腐蚀，绝缘强度下降。如果系统出现持续电弧，易引发该电缆绝缘进一步恶化，也对邻近电缆的绝缘构成严重威胁。

此外，不接地系统发生金属性单相接地故障时，中性点电位移如图 2.2 所示，其中，$\dot{I}_{C_A}$、$\dot{I}_{C_B}$ 分别为系统 A、B 相对地电容电流。故障相（C 相）电压降为零，则中性点电压为相电压大小，非故障相电压抬升至线电压，从而引发一系列运行管理方面的压力。例如，电压互感器铁心饱和引起的中性点不稳定过电压，配电变压器高压绕组对地绝缘击穿或伴随着高压熔断器熔断引起的谐振过电压，以及利用配电变压器或电压互感器进行定相引起的铁磁谐振过电压等。特别是电压互感器铁心饱和引起的铁磁谐振过电压在国内外的电力系统中均曾普遍发生，是电力设备绝缘损坏的重要原因之一。

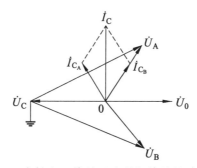

图 2.2　中性点不接地系统单相接地故障相位

2.1.2　经消弧线圈接地配电网单相接地故障特征

消弧线圈由德国科学家彼得生率先发明，其产生的电感电流能对系统中频发的瞬时性单相接地故障电流进行很好的抑制，消除故障电弧，防止弧光接地过电压的产生，为系统对地电容电流过大情况下不接地系统发生故障时无法可靠熄弧的问题提供了解决办法[3, 5]。因此，中性点经消弧线圈接地方式在中压电网中被广泛应用。国标 GB/T50064—2014 中规定：当系统单相接地故障电容电流，大于 10 A，又需在握地故障条件运行时，应采用中性点谐振接地方式。图 2.3 所示为中性点经消弧线圈接地系统发生单相接地故障示意。其中，$\dot{I}_L$ 为消弧线圈电感电流。

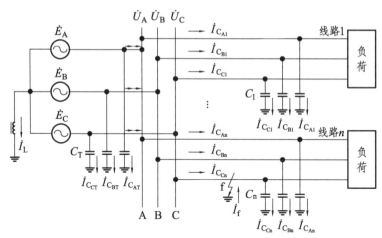

图 2.3　中性点经消弧线圈接地系统单相接地故障示意

中性点经消弧线圈接地系统发生金属性单相接地故障时的相位如图 2.4 所示，该接地方式的具体工作原理如下：在变压器或发电机中性点接入消弧线圈，系统发生单相接地故障时，中性点位移电压将在电感线圈中产生一与接地电容电流 $\dot{I}_C$ 相位相反的电感电流 $\dot{I}_L$，经大地由故障点流回电源中性点。故障点电流是接地电容电流 $\dot{I}_C$ 与电感线圈电流 $\dot{I}_L$ 的相量和。选择电感线圈的电感值使 I_L 等于 I_C，可使流过故障点的电流等于零，电弧因此熄灭，电网恢复正常。此外，在电弧熄灭后，电感线圈可以限制故障相电压的恢复速度，给故障点绝缘恢复提供时间，从而减小了电弧重燃的可能性，有利于消除故障，提高系统的供电可靠性。

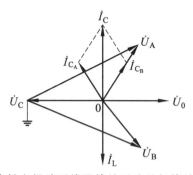

图 2.4　中性点经消弧线圈接地系统单相接地故障相位

消弧线圈的补偿程度由脱谐度（或称失谐度）ν 来描述：

$$\nu = \frac{I_C - I_L}{I_C} \qquad (2.1)$$

失谐度 ν 的正负，表示消弧线圈的不同工作状态。

若 $\nu = 0$，表明消弧线圈电感电流与系统对地电容电流大小相等、方向相反，故障点残流除工频有功分量、谐波分量外不含工频无功分量，为全补偿状态。此时，消弧线圈和电容处于谐振点。

若 $\nu > 0$，表明电感电流幅值小于电容电流，故障点仍残余部分电容电流，为欠补偿状态。

若 $\nu < 0$，表明电感电流幅值大于电容电流，故障点不仅没有电容电流，还存在部分电感电流，为过补偿状态。

同时，脱谐度 ν 的数值大小表示系统偏离谐振点的程度，ν 幅值越大，偏离谐振点越远，则故障点残流越大。

全补偿方式虽在系统发生故障时能够完全消除系统对地电容电流，但在系统正常运行时，由于消弧线圈感抗等于系统对地电容容抗，容易引起串联谐振，使中性点位移电压大大升高，可能造成设备绝缘损坏。从安全角度出发，全补偿方式不宜使用。而欠补偿在电网改变运行方式，切除部分线路后容易形成全补偿，也不宜使用。因此，一般配电系统运行中都采用过补偿方式。由于电缆的大量应用，导致故障后系统对地电容电流较大，为保证消弧线圈补偿后故障残流较小，故障电弧可以自行熄灭，脱谐度的选取不宜过大；此外，系统正常运行时，串联谐振的存在对三相平衡的电缆线路影响不大。因此，脱谐度一般在 −5%左右。

由于电网的运行方式在不断变化，在某些情况下，电感补偿电流可能远大于电容电流，使故障点可能在被补偿后仍存在较大的电弧电流，达不到应有的灭弧效果。因此，需要根据系统运行方式的变化，及时地调整消弧线圈电感值，避免电网出现较大幅度的脱谐。以上均为预调式消弧线圈的工作原理。

为最大限度地补偿故障电流，有学者在此基础上发明了随调式消弧线圈。该方式根据中性点位移电压的大小测量脱谐度，按脱谐度进行调谐，可以因此得到中性点位移电压随脱谐度变化表达式为：

$$U_0 = \frac{U_{bd}}{\sqrt{\nu^2 + d^2}} \qquad (2.2)$$

式中，U_0 为中性点位移电压；U_{bd} 为不对称电压；d 为系统阻尼率。

其在系统正常运行时，消弧线圈参数远离谐振点，即脱谐度很大。同时，测控装置实时跟踪测量配电网中性点位移电压和阻尼率，一旦配电网中性点位移电压和阻尼率大于整定值，则判断配电网出现接地故障，消弧线圈瞬时投入运行，并依据测量的电容电流值在中性点调控产生相应的电感电流，精准补偿系统对地电容电流，降低接地故障残流，加速故障电弧的熄灭。随调式消弧线圈虽然消除了串联谐振的威胁，但由于故障发生后需调节消弧线圈，可能来不及对瞬时性弧光接地故障进行补偿，实用性较低，实际工程上多应用预调式消弧线圈。

虽然预调式消弧线圈接地方式具有其他接地方式无可比拟的优点，但在实际应用中仍存在诸多问题，如：

（1）由于系统的运行方式及系统电压经常变化，系统电容电流变化频繁，跟踪补偿困难，难以实现电容电流的在线测量。

（2）难以对故障电流进行完全补偿，只能补偿工频对地电容电流，残流内的瞬时性高频干扰及纯阻性电流都得不到补偿，易导致故障电弧复燃。

（3）消弧线圈会降低单相接地故障时的建弧率，使得故障点与地之间无法形成稳定的故障电流，易产生间歇性弧光，导致故障的进一步扩大。

（4）发生永久性单相接地故障时，由于消弧线圈接地系统的故障电流较小，且过补偿方式下故障线路与非故障线路电流大小相近、方向相同，故障选线存在极大困难，继电保护装置容易不动甚至误动，给电力系统带来较大安全隐患。

（5）消弧线圈的本质是电感元件，当电力系统运行方式变化、倒闸操作或不同期合闸时，容易与对地电容构成串联谐振回路，带来谐振过电压，影响电力系统安全。

消弧线圈这一系列缺点制约了其进一步的推广应用，且其体积较大，造价较高，因此，亟须研究更加可靠的中性点接地运行方式。

2.1.3　经小电阻接地配电网单相接地故障特征

直接接地系统的单相接地故障电流较大，威胁系统电力设备安全；而不接地系统单相接地故障电流较小，对故障检测和定位造成困难。因此，为保有大电流在故障检测上的优势，同时减小其对配电设备的危害，出现了中性点经小电阻接地方式，该方式可认为是介于中性点不接地和直接接地之间的一种接地方式，即系统中性点（一般

是接地变压器中性点）经一个小电阻与大地连接，中性点经小电阻接地系统单相接地故障示意如图 2.5 所示，其中，$\dot{I}_R$ 为中性点电阻电流。

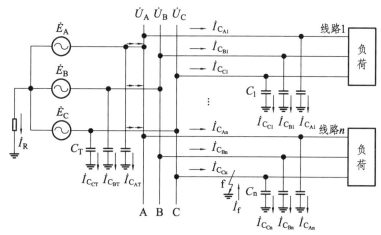

图 2.5　中性点经小电阻接地系统单相接地故障示意

该方式中性点接地电阻的大小应使流经变压器绕组的故障电流不超过每个绕组的额定值，电阻的选取应参照下列情况：

（1）以电缆为主的电网，单相接地故障时允许阻性接地电流较大。

（2）以架空线路为主的电网，单相接地故障时允许阻性接地电流较小。

（3）考虑电力系统远景规划中可能达到的对地电容电流。

（4）考虑对电信设备的干扰和影响以及继电保护、人身安全等因素。

在中国，城市配网中性点电阻一般选择阻值小于 60 Ω 的电阻，从而控制发生金属性接地故障时故障点电流为 100～1 000 A；部分沿海城市和特大型城市的中压电缆网络也采用了小电阻接地方式，其 10 kV 系统的接地电阻一般选在 30～70 Ω，金属性接地故障时故障点电流为 200～1 000 A。

由于中性点电阻与系统对地电容构成并联回路，此时电阻不仅作为耗能元件，也是电容电荷释放元件和谐振的阻压元件，因此经小电阻接地方式对谐振过电压抑制和间歇性电弧过电压保护具有一定优越性。当系统发生单相接地故障时，非故障相电压可能达到正常值的 $\sqrt{3}$ 倍，但由于电力系统的绝缘水平依据雷电过电压制定，因此并不会对电气设备造成危害。而流过接地点的零序故障电流较大，可以轻易满足继电保护装置零序电流保护启动条件，从而快速切除故障线路。因此，小电阻接地方式具有快速准确选线、限制谐振过电压等优点。

虽然相比于直接接地系统，经小电阻接地系统的单相接地故障电流显著减少，但仍然对电力系统及其设备存在危害，因此小电阻接地方式一般应用于对电网自动化水平要求较高的领域，继电保护装置具有高灵敏度，可以快速跳闸，切断故障线路，但这会导致停电事故频繁，极大降低了系统供电可靠性。此外，由于系统高阻接地故障发生频繁，若过渡电阻超过 200 Ω，即使在小电阻接地系统中，其故障特征也非常微弱，无法达到保护装置动作条件，保护灵敏度低，对电力系统安全造成极大威胁。

2.2 单相接地故障熄弧机理

配电网消弧的核心问题便是减小接地电流，使得故障相电压低于电弧重燃电压，电弧就能熄灭，若还需要确保接地故障电弧不重燃，则应进一步降低故障相恢复电压的初速度及幅值，即能保证电弧不重燃，从而达到彻底消弧不重燃的目的。

接地故障可分为瞬时性、间歇性、永久性三种接地故障，瞬时性接地故障可自行消失，无需增加相应的抑制措施；永久性接地故障一般为稳定性接地故障，故障始终存在，因此只能采用隔离及人工清除的措施以保障系统继续安全运行；间歇性接地故障往往伴随着电弧的产生，对配电系统危害最大，因此需对间歇性弧光接地故障内部特征进行相应分析。

电弧与固定电阻不同，其两端的电压与电流并不存在成正比的关系，因此可以将电弧电阻看成一个非线性的电阻，经大量实验证明弧光故障电阻可由动态变化的非线性电弧电阻和静态的塔基固定电阻构成。

非线性电弧电导可用 Cassie 模型进行描述，模型为：

$$\frac{\mathrm{d}g}{\mathrm{d}t} = \frac{g}{\tau}\left[\left(\frac{u_{\text{arc}}}{u}\right)^2 - 1\right] \tag{2.3}$$

式中，g 为电弧电导；t 为时间；u_{arc} 为电弧电压；τ 为时间常数；u 为电弧瞬态恢复电压峰值；τ 和 u 均为常数。

对式（2.3）求解可得：

$$r = e^{-\frac{1}{\tau}\int\left[\left(\frac{u_{\text{arc}}}{u}\right)^2 - 1\right]\mathrm{d}t} \tag{2.4}$$

式中，r 为电弧电阻，即电弧电导的倒数，当 u_{arc} 开始大于 u 时，$\left[\left(\dfrac{u_{arc}}{u}\right)^2-1\right]$ 大于零，

电弧电阻将会变小，容易导致电弧的产生，但是实际情况下并非在某一时刻 u_{arc} 大于 u 就会起弧，而是在某个时间段内 u_{arc} 大于 u 才会起弧，因此用积分形式则很好地描述了电弧起弧原理。即在连续的一段时间内 u_{arc} 大于 u，$\displaystyle\int\left[\left(\dfrac{u_{arc}}{u}\right)^2-1\right]\mathrm{d}t$ 则会大于零，

电弧电阻的数值将会变得极小，接地电弧则会产生。

接下来分析故障接地电弧熄弧的条件。

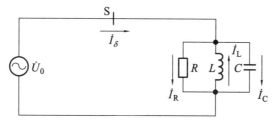

图 2.6　补偿电网的电流谐振电路

图 2.6 所示为简化后的补偿电流谐振等值电路，经过分析得到恢复电压的初速度公式为：

$$V_0 = U_{phm}\frac{\omega}{2}\sqrt{d^2+v^2} \tag{2.5}$$

式中，U_{phm} 为故障相电压；d 为配电网阻尼率；v 为配电网失谐度；R 为接地点电阻；L 为接地点电感，C 为接地点电容为描述方便，将典型的交流电弧的熄灭分为以下三种情况：

图中只有 R 存在时，断开隔离开关 S 即为有功电流的熄弧。此时故障相恢复电压的初速度一般为（0.1~0.2）kV/μs，该数值较小，可以忽略不计，故忽略该因素。

图中只有 L 存在时，断开隔离开关 S 即为电感电流的熄弧。由于没有杂散电容导致振荡电压的频率很高，当电源电压的正弦波与振荡电压出现叠加时，故障相恢复电压初速度可以达到（1~2）kV/μs，最高可达到（10~20）kV/μs，电弧较易重燃[12]。

图中只有 C 存在时，断开开关 S 即为电容电流的熄弧。由于电容电流 i_C 超前电源

电压 $\dot{U}_C$ 90°，故障相恢复电压初速度小于等于 0.1 kV，情况与有功电流熄弧类似，可以忽略该因素。

由以上分析可以看出，接地电弧的熄灭与重燃的核心在于故障相电压和故障相恢复电压初速度。其基本原理如下：不论电弧处于何种情况，熄弧峰压 U_{pv} 与流过故障点电流的陡度始终保持正比关系，即故障电流越小，熄弧峰压越低，这就意味着接地电弧越易熄灭。如图 2.7 所示，只要熄弧峰压 U_{pv} 小于弧道介质的恢复强度 U_{ds}，接地电弧就能顺利熄灭；反之，电弧会再次重燃[12]。产生间歇性过电压，其幅值很高且作用时间长，对配电网危害较大，曾多次导致配电网系统事故发生。

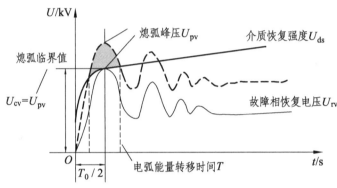

图 2.7　接地电弧熄灭条件示意

别列克夫通过 6～10 kV 系统的多次实测和试验室中的模拟试验结果认为单相接地故障接地电弧的熄灭与重燃和流过故障点的电流和熄弧峰压特性密切相关，具体来说，当配电网发生单相接地故障的时候，只要熄弧峰压低于介质恢复强度时，故障点的接地电弧将会自行熄灭且不再重燃。因回路的电感为一常数，故熄弧峰压与通过故障点电流的陡度成正比，根据试验结果显示，若接地故障电流越小，过零的陡度越小，则熄弧峰压越低，接地电弧越容易熄灭。所以将故障点电压抑制到一定范围内，弧道便会强制被切断，电弧被安全地熄灭且不重燃。试验研究结果表明，6～10 kV 的中性点不接地电网，当其熄弧峰压 U_{pv} 分别为 $0.37U_{phm}$ 与 $0.22U_{phm}$ 时接地电弧便不会重燃。或取临界熄弧峰压 $U_{cv} = 0.4U_{phm}$，则 $U_{cv} \leqslant 0.4U_{phm}$，利用这一数值可以求出最高的电弧接地过电压，使用相关消弧装置抑制故障相电压低于最高电弧接地过电压即可完成消弧工作，可靠熄灭电弧。

2.3　YNyn6 电力变压器型电压源补偿原理

基于配电网 YNyn6 型变压器零序电压调控拓扑结构如图 2.8 所示，$\dot{U}_A$、$\dot{U}_B$、$\dot{U}_C$ 分别为配电网 A、B、C 三相对地电压；g 为配电网相对地电导；C 为配电网相对地电容；R_f 为过渡电阻；$\dot{I}_0$ 为配电网零序电流；$\dot{I}_f$ 为故障电流；T_1 为 YNyn6 变压器，T_2 为单相调压器，K_A、K_B、K_C 为 YNyn6 型变压器二次侧上开关。

YNyn6 型变压器绕组可一次绕组与二次绕组，一二次均为星形连接，且中性点接地。图 2.9 所示为 YNyn6 型接地变压器一二次侧电压相量图，其中，$\dot{E}_A$、$\dot{E}_B$、$\dot{E}_C$ 为主绕组三相电势，$\dot{E}_a$、$\dot{E}_b$、$\dot{E}_c$ 为二次侧相电压。YNyn6 型变压器零序阻抗小，经单相注入变压器输入电压相角不变，设 YNyn6 型变压器一二次变比为 m。

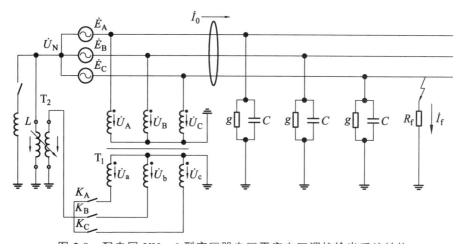

图 2.8　配电网 YNyn6 型变压器电压零序电压调控输出系统结构

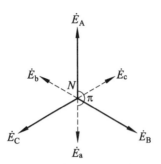

图 2.9　YNyn6 型变压器一二次侧电压相量

由相量图可知，二次侧相电势电压与一次侧相电压方向相反，相位相差180°，结合其一二次变比 m 可得：

$$\begin{cases} \dot{E}_a = \dfrac{\dot{E}_A}{m} e^{j\pi} \\[2mm] \dot{E}_b = \dfrac{\dot{E}_B}{m} e^{j\pi} \\[2mm] \dot{E}_c = \dfrac{\dot{E}_C}{m} e^{j\pi} \end{cases} \tag{2.6}$$

令基于 YNyn6 电压消弧拓扑结构中单相注入变变比为 n，因此结合式（2.6），当系统 A，B，C 相分别发生接地故障时，投切 YNyn6 二次侧对应相开关可得注入变向系统中性点输出电压 $\dot{U}_0$ 与一次侧三相电势间的相量关系：

$$\begin{cases} \dot{U}_{0(A)} = n\dot{E}_a = \dfrac{n\dot{E}_A}{m} e^{j\pi} \\[2mm] \dot{U}_{0(B)} = n\dot{E}_b = \dfrac{n\dot{E}_B}{m} e^{j\pi} \\[2mm] \dot{U}_{0(C)} = n\dot{E}_c = \dfrac{n\dot{E}_C}{m} e^{j\pi} \end{cases} \tag{2.7}$$

由式（2.7）可知，由于配电网电源电势恒定不变，且 YNyn6 变压器变比为常数，因此，通过将对应的 YNyn6 变压器二次侧绕组相电压引出馈入，可得到与一次侧相电压的反相电势，进而单相注入变压器将该电压反馈输入配电网中性点，实现配电网零序电压调控。

第三章　基于 YNyn6 电力变压器型的电压调控方法和故障相电压调节控制算法

　　针对第二章所提 YNyn6 电力变压器型电压源补偿原理，本章进一步提出了基于 YNyn6 电力变压器型电压源补偿的零序电压调控方法和故障相电压调节控制算法，分析了金属性接地故障下中性点电流与电压以及选相失败条件下故障点电流，并探究了电压开关闭合角与故障相电压关系，进一步深化完善了 YNyn6 电力变压器型电压源接地故障处置技术理论。

3.1　配电网故障相电压柔性调控方法

　　配电网单相接地故障发生时，根据单相接地故障电压消弧机理可知，需将故障相电压抑制至重燃电压以下。因此，为实现目标故障相电压的灵活调控，应使单相注入变压器变比 n 可调，若忽略注入变内阻，此时，受控的故障相电压 $\dot{U}_f$ 表示为：

$$\dot{U}_f = \dot{E}_f + \dot{U}_0 = \dot{E}_f + n\dot{E}_\alpha \tag{3.1}$$

式中，$\dot{U}_0$ 为中性点接地故障相降压消弧端口输出电压；$\dot{E}_f$ 为故障相电势；$\dot{E}_\alpha$ 为二次侧相电势，$\alpha = a,b,c$。

　　假设 C 相发生单相接地故障，从注入变压器出口侧等效，得到接地故障等效电路如图 3.1 所示。配电网零序导纳表示为：$Y_0 = 3G_0 + j3\omega C_0$。其中，$G_0 = 1/r_0$。若考虑注入变内阻抗，将注入变内阻抗 Z_{T2} 按变比转换至二次侧，得等效电路中注入变内阻抗 $Z_{T0} = n^2 Z_{T2}$。YNyn6 其变压器二次侧输出的零序电压（即中性点输入电压）表示为 $\dot{U}_{in}$，根据戴维南定理，$\dot{U}_{in}$ 与注入变内阻抗 Z_{T0} 串联。

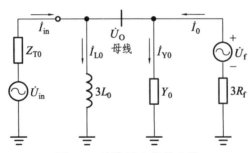

图 3.1　故障零序等效电路

根据故障零序等效电路，在 C 相发生接地故障时，由基尔霍夫电流定理得到接地变端口输出电流（即中性点输入电流）为：

$$\dot{I}_{in} = \frac{\left(1 + 3R_f Y_0 + \dfrac{R_f}{j\omega L_0}\right)\dot{U}_{in} + \dot{E}_c}{\left(1 + 3R_f Y_0 + \dfrac{R_f}{j\omega L_0}\right)Z_{T0} + 3R_f}$$

（3.2）

故障发生后，根据故障选相结果投入相应的 YNyn6 型变压器二次侧相电压投切开关，调节注入变压器变比 n，可实现中性点输入电压幅值 U_{in} 的灵活调控，并保持其相角与故障相电压夹角为 π。

由式（3.2）可知，中性点输入电流 $\dot{I}_{in}$ 中可控变量为注入变压器变比 n，从而调控输入电压值 U_{in}，设调压器变比变量为 n，此时，故障相电压 U_C 可表示为：

$$U_C = \frac{1}{\left(\dfrac{1}{3R_f} + Y_0 + \dfrac{1}{j3\omega L_0}\right)Z_{T0} + 1} n\dot{E}_c + \dot{E}_c \frac{1 + Z_{T0}\left(Y_0 + \dfrac{1}{j3\omega L_0}\right)}{\left(\dfrac{1}{3R_f} + Y_0 + \dfrac{1}{j3\omega L_0}\right)Z_{T0} + 1}$$

（3.3）

当配电网线路发生弧光接地故障时，故障点燃弧状态动态变化，回路电感和电流陡度决定熄弧峰值电压。主动调控注入变压器变比 n，当故障点处电压降低至重燃电压以下时，可保持故障点绝缘最薄弱点电场强度低于绝缘击穿强度，从而达到熄灭电弧的目的。

YNyn6 型变压器二次绕组在电力系统正常运行状态下，处于热备用状态或为变电站内供电系统提供电源。在发生接地故障后，由于二次绕组所选取电压为系统相电势电压,不受故障引起的系统相电压变化影响,电压保持恒定。因此,有效利用不对称故障下 YNyn6 变压器二次绕组相电势电压不变的特性,以及 YNyn6 型变压器二次绕组相电压与对应的一次侧目标相电压相位相反的天然优势,可由 YNyn6 型变压器二次绕组提供配电网单相接地故障相降压消弧电压源恒定电势输出。

当配电网对应相发生接地故障时,根据 YNyn6 型变压器二次侧相电压与一次侧相电压相量关系,控制二次侧投入对应开关,如表 3.1 所示。

表 3.1 不同故障相二次侧输入电压开关

接地故障相	二次侧输入相电压	投入开关
A 相	$\dot{E}_a$	K_A
B 相	$\dot{E}_b$	K_B
C 相	$\dot{E}_c$	K_C

配电网发生接地故障后,故障点燃弧状态动态变化,回路电感和电流陡度决定熄弧峰值电压,令燃弧电压为 U_s,由故障相确定投入的电压开关。由表 3.1 可知,当 C 相发生接地故障时 YNyn6 型变压器二次侧开关闭合 K_C,$\dot{E}_c$ 反馈输入系统,当故障点电压 $U_f < U_s$ 时,故障点处电压降低至重燃电压以下,可保持故障点绝缘最薄弱点电场强度低于绝缘击穿强度,从而达到熄灭电弧的目的,实现了故障相电压主动降压灵活调控。

3.2 零序电压调控和故障相电压调节控制算法

3.2.1 YNyn6 电力变压器型电压源补偿的零序电压调控和故障相电压调节控制算法

结合图 3.1 中拓扑结构,根据变压器的原理可知,若 YNyn6 型变压器为理想变压器时,三相电源通过投切对应相开关 K_A、K_B 或 K_C,如表 3.1 所示,动作输出故障相反向电压,反向调控中性点电压,降低故障相接地电压,实现接地故障电流全补偿。所输出电压满足式(3.4)。

$$\dot{U}_N = -\dot{E}_\varphi \tag{3.4}$$

式中，φ 为故障相，$-\dot{E}_\varphi$ 为故障相反向电源电动势；$\dot{U}_N$ 为中性点电压。接地故障电流表达式为：

$$\dot{I}_f = \frac{\dot{U}_\varphi}{R_f} = \frac{\dot{U}_N + \dot{E}_\varphi}{R_f} \tag{3.5}$$

式中，φ 为故障相；$\dot{U}_\varphi$ 为接地故障相电压。根据式（3.5）可得，通过 YNyn6 型变压器输出与故障相电源电动势大小相等、方向相反的电压，反向调控中性点电压，可实现将故障相电压降低为零，接地故障电流降低为零，实现 YNyn6 电力变压器型电压源的快速消弧。

但实际工况中，变压器存在阻抗，在进行电流补偿时必然产生一定的电压降落，使得 YNyn6 型变压器的输出电压发生变化，无法输出补偿电压理想值，不能完全达到接地电流全补偿的目的。因此，还需要对 YNyn6 型变压器的输出电压进行电压降补偿。为此，引入了单相调压变压器，对输出电压进行调节，含调压器的配电网 YNyn6 型变压器电压调控输出系统结构如图 2.8 所示。

设 $\dot{E}_{COM}$ 和 Z_{COM} 分别为含调压器配电网 YNyn6 型变压器电压调控输出系统结构空载时的开路电压和等效内阻抗，I_f 为接地电流，R_f 为接地电阻，U_N 为中性点电压，Z_C 为零序回路的等效电容容抗，Z_L 为消弧线圈感抗。发生单相接地时的 YNyn6 型变压器电压调控等效电器如图 3.2 所示。

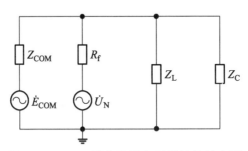

图 3.2　YNyn6 型变压器电压调控等效电路

设 C 相发生单相接地，为实现接地电流完全补偿，需使接地电流尽可能为零。此时，故障点电压需强制为零，中性点零序电压为故障相电源电动势大小相等、相位相反。完全补偿接地故障电流时，等效的中性点不平衡电压回路可以开路等效，因此，等效电路可进一步简化为图 3.3 所示的简化等效电路。其中，Z_{eq} 为等效电容容抗和消弧线圈感抗的并联阻抗。

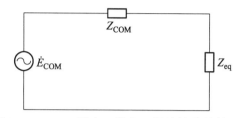

图 3.3　YNyn6 型变压器电压调控简化等效电路

要完全补偿接地故障电流，补偿装置需输出电流为 $\dot{I}_m$，则有

$$\dot{I}_m = \frac{-\dot{E}_C}{Z_{eq}} \tag{3.6}$$

设调压器的电压比为 n，根据变压器原理，调压器一次侧电流 $\dot{I}_{\varphi 2}$，即 YNyn6 型变压器故障相二次侧电流为

$$\dot{I}_{\varphi 2} = \frac{\dot{I}_m}{n} = \frac{-\dot{E}_{\varphi}}{n Z_{eq}} \tag{3.7}$$

YNyn6 型变压器调控系统电压时，通过故障选相只控制故障相开关导通，YNyn6 变压器非故障相相当于两相断线运行，以 C 相故障为例，YNyn6 型变压器各相二次侧电流为：

$$\begin{cases} \dot{I}_{C2} = \dfrac{\dot{I}_m}{n} = \dfrac{-\dot{E}_C}{n Z_{eq}} \\ \dot{I}_{A2} = \dot{I}_{B2} = 0 \end{cases} \tag{3.8}$$

以对称分量法得到 YNyn6 型变压器二次侧序电流为：

$$\dot{I}_{C2+} = \dot{I}_{C2-} = \dot{I}_{C20} = \frac{\dot{I}_m}{3} = \frac{-\dot{E}_c}{3 n Z_{eq}} \tag{3.9}$$

$\dot{I}_{C2+}$、$\dot{I}_{C2-}$、$\dot{I}_{C20}$ 分别为 YNyn6 型变压器二次侧 C 相正序电流、负序电流和零序

电流。

以变压器二次侧绘制系统复合序网图如图 3.4 所示。其中，$\dot{E}_+$ 为 YNyn6 型变压器二次侧正序开路电压；$Z_{1\Sigma}$、$Z_{2\Sigma}$、$Z_{0\Sigma}$ 为变压器二次侧看去的正序阻抗、负序阻抗、零序阻抗的总和。

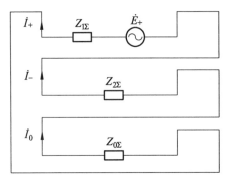

图 3.4　YNyn6 变压器复合序网图

根据变压器原理可知图中正序开路电压应为：

$$\dot{E}_+ = \frac{-\dot{E}_C}{m} \tag{3.10}$$

式中，m 为 YNyn6 型变压器一二次侧变比。

忽略励磁电抗，本系统正序阻抗包括 YNyn6 型变压器、调压器和负载归算到 YNyn6 型变压器的阻抗。设 YNyn6 型变压器一次侧等效阻抗为 $Z_{1\Sigma}=Z_{2\Sigma}=Z_{0\Sigma}=\dfrac{X_{T11}}{m^2}+X_{T21}+n^2 Z_E$，调压器一次侧等效阻抗为 $Z_{1\Sigma}=Z_{2\Sigma}=Z_{0\Sigma}=\dfrac{X_{T11}}{m^2}+X_{T21}+n^2 Z_E$，有

$$Z_{1\Sigma}=Z_{2\Sigma}=Z_{0\Sigma}=\frac{X_{T11}}{m^2}+X_{T21}+n^2 Z_{eq} \tag{3.11}$$

根据图 3.4，列 KCL 方程可知：

$$\dot{I}_{\varphi2+}=\frac{\dot{E}_+}{Z_{1\Sigma}+Z_{2\Sigma}+Z_{0\Sigma}} \tag{3.12}$$

综合式（3.9）~式（3.12）可得：

$$\frac{-\dot{E}_{C}}{3nZ_{eq}} = \frac{-\dot{E}_{c}}{3m\left(\dfrac{X_{T11}}{m^2} + X_{T31} + n^2 Z_{eq}\right)} \tag{3.13}$$

化简式（3.13）得到：

$$m^2 Z_{eq} n^2 - m Z_{eq} n + X_{T11} + m^2 X_{T21} = 0 \tag{3.14}$$

当 $m = 1$ 时，通过求解式（3.14）可得到，单变压器 YNyn6 系统对应残压为零时的最佳变比 n_ε 为：

$$n_\varepsilon = \frac{Z_{eq} \pm \sqrt{Z_{eq}^2 - 4 Z_{eq}(X_{T_{11}} + X_{T_{21}})}}{2 Z_{eq}} \tag{3.15}$$

式（3.15）中，当消弧线圈处于过补偿状态时，取正号解，当消弧线圈处于欠补偿状态时，取负号解。

至此，我们得到了单相注入变的最佳变比的计算方程，根据不同的负载值 Z_E，通过调节注入变调压器变比至 n_ε 处可实现接地故障电流全补偿，并可消除电压降落影响，有效抑制电弧重燃，实现主动降压消弧。

3.2.2　YNyn6 电力变压器型电压源补偿的零序电压调控和故障相电压调节流程

基于 YNyn6 电力变压器型电压源补偿的配电网接地故障处置实现流程如图 3.5 所示，通过监测配电网零序电压及其变化量，当零序电压变化大于 3%相电压或零序电压大于 15%相电压，判断配电网发生接地故障；采集故障前后配电网三相的相电压，分析各相电压变化值，电压减小幅值最大相判定为故障相；调压变压器为初始变比，并根据选相结果投入 YNyn6 变压器二次侧对应开关量；改变调压器变比逐级升高注入变压器二次电压至故障相电压幅值，实现故障相主动降压消弧，延时 1~2 s 后，改变调压器变比逐级减小故障相电压，并测量系统零序电流是否随调压器变比线性变化，若零序电流线性减小则表明接地故障已消除，故障类型为瞬时性故障，系统恢复正常运行；否则，判定为永久性接地故障。

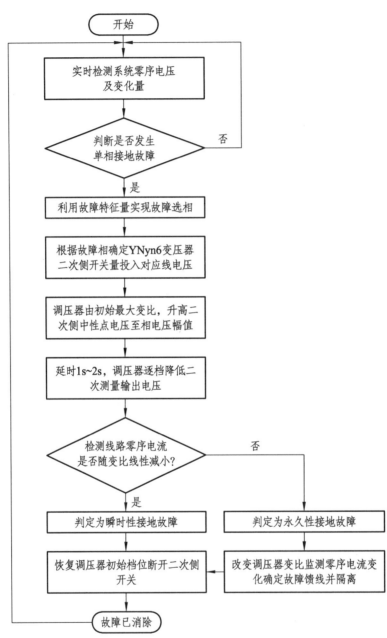

图 3.5　基于 YNyn6 电力变压器型电压源补偿的配电网主动降压消弧方法实现流程

3.3　仿真分析

为验证 YNyn6 电力变压器型电压消弧技术的有效性,在 PSCAD 中搭建了如图 3.6 所示的典型 10 kV 配电网单相接地故障模型,单相注入变压器一二次绕组变比可灵活调节,仿真模型参数如表 3.2 所示。

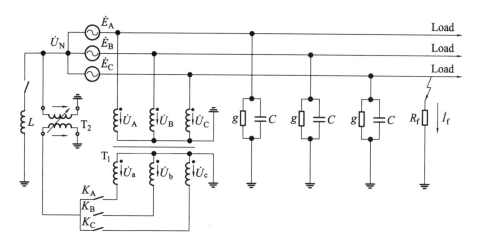

图 3.6　基于 YNyn6 型变压器的典型 10 kV 配电网单相接地故障模型

表 3.2　典型 10 kV 配电网仿真模型参数

参　数	数　值
系统额定电压	10 kV
线路对地电容	25.5μF
线路阻尼率	1.04%
脱谐度	100%、−5%
注入变压器容量	20 kVA
接地故障电阻	16 kΩ、7 kΩ、3 kΩ、500 Ω、100 Ω、10 Ω

3.3.1 中性点不接地、经消弧线圈接地与 YNyn6 电力变压器型电源配合

在 C 相设置接地故障,过渡电阻 R_f 为 10 Ω、100 Ω、500 Ω、3 kΩ、7 kΩ、16 kΩ 稳定接地故障与间歇性弧光故障。0.1 s 发生接地故障,根据选相结果选择二次侧对应相电压输入开关,0.25 s 投入 YNyn6 电力变压器型接地故障相电压主动降压消弧成套设备。

由图 3.7~3.9 所示,当配电网发生接地故障且故障过渡电阻值低于 500 Ω 时,0.25 s 投入装置输出线电压,由图 3.7 可知 YNyn6 型变压器二次侧相电压注入配电网能有效地抑制故障电流,10 Ω 过渡电阻接地条件下故障点残流有效值保持在 200 mA,能保证接地电弧可靠熄灭,弧光接地故障下,通过调节注入变变比,故障相电压降低,且故障电流减小为零,弧光接地故障得到清除。

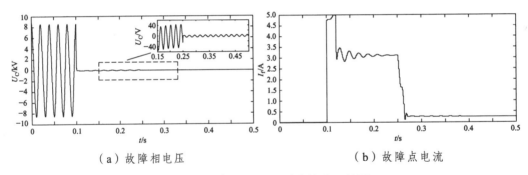

（a）故障相电压　　　　　　　（b）故障点电流

图 3.7　过渡电阻 10 Ω 时电流电压波形

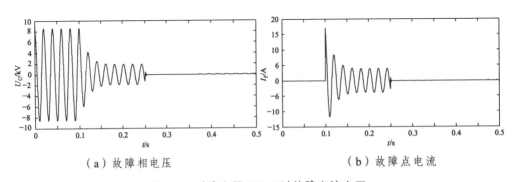

（a）故障相电压　　　　　　　（b）故障点电流

图 3.8　过渡电阻 500 Ω 时故障电流电压

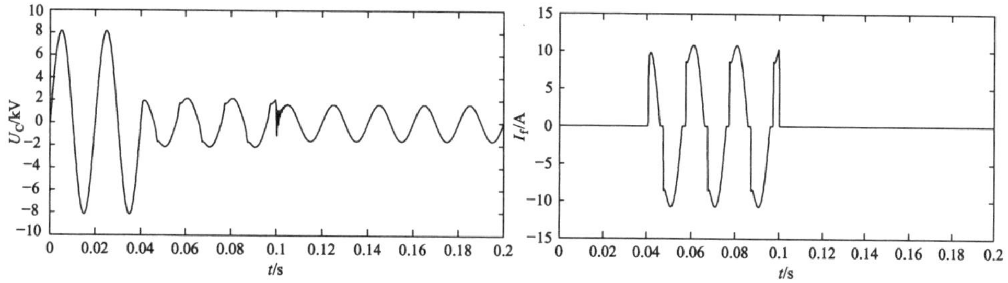

（a）故障相电压　　　　　　　　　　（b）故障点电流

图 3.9　弧光接地故障时故障电流电压

通过设置不同故障类型，在配电网中性点不同接地方式下，验证所提方式消弧有效性，如表 3.3 所示，在脱谐度 100%（及不接地）条件下，由于缺少消弧线圈的感性分量对故障残流的补偿作用，YNyn6 电力变压器型降压消弧装置投入前后故障残流差值较大；在低阻故障条件下，由于调压器内阻抗的影响，从而使得故障相电压与投入消弧抑制电压存在一定的相角偏差，但故障电流仍可抑制在 2 A 以内，配电网低阻接地故障点电压仅为 280 V，电压电流均处于安全范围内，防止电弧重燃。

表 3.3　不同接地故障条件下 YNyn6 电力变压器型电压消弧效果分析

中性点 接地方式	过渡 电阻/Ω	故障相电压/kV		故障点残流/A	
		投入前	投入后	投入前	投入后
经消弧线圈接地 （$I_C = 48.53$ A）	10	0.04	0.01	3.32	0.27
	100	0.31	0.05	3.12	0.05
	500	1.37	0.05	2.75	0.11
	3 000	3.94	0.05	1.32	0.01
	7 000	4.95	0.06	0.70	0.01
	燃弧故障	0.55	0.07	6.22	0.03
不接地 （脱谐度 100%） （$I_C = 25.7$ A）	10	0.34	0.08	25.31	5.56
	100	2.29	0.11	22.93	1.15
	500	5.35	0.12	10.69	0.24
	3 000	6.00	0.12	2.00	0.04
	7 000	6.04	0.12	0.86	0.01
	燃弧故障	0.52	0.09	25.55	0.01

3.3.2 中性点经小电阻接地方式与 YNyn6 电力变压器型电源配合

为验证 YNyn6 电力变压器型电压消弧技术针对小电阻接地系统的有效性，在 PSCAD 中搭建如图 3.10 所示的典型 10 kV 配电网单相接地故障模型，单相注入变压器一、二次绕组匝数比可灵活调节，设置 $C_0 = 3.5\ \mu F$，$R_0 = 12\ 000\ \Omega$，在小电阻（10 Ω）接地系统中，设置 0.15 s 发生金属性单相接地故障，0.2 s 经单相注入变进行反馈注入，得到中性点电压、中性点电流与三相电压仿真如图 3.11、3.12 所示。

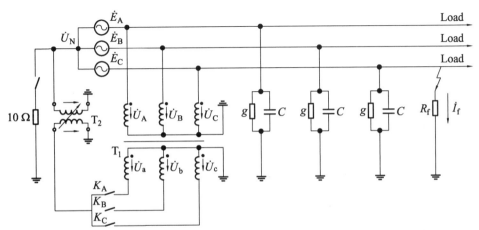

图 3.10 经 YNyn6 变压器反馈注入条件下金属性单相接地仿真模型

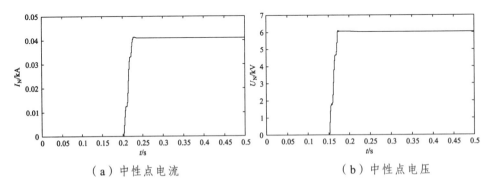

（a）中性点电流 　　　　　　　　　　（b）中性点电压

图 3.11 反馈注入条件下金属性接地故障中性点电流和电压波形

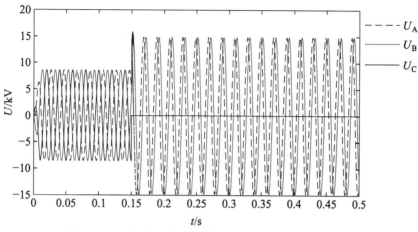

图 3.12 反馈注入条件下金属性接地故障三相电压图

对比配电网经小电阻接地系统与配电网接入 YNyn6 电力变压器型接地系统发生金属性接地故障时的中性点电压与中性点电流，结果如表 3.4 所示，由结果可以看到在发生金属性接地故障时，相比配电网经小电阻接地系统，YNyn6 电力变压器型降压消弧技术在中性点电压有效值基本不变的前提下，中性点电流有效值大幅降低。

表 3.4 不同接地方式下中性点电压与中性点电流

系统名称	中性点电压有效值	中性点电流有效值
小电阻接地	5.818 kV	0.581 8 kA
YNyn6 电力变压器型电压源馈入	6.031 kV	0.041 kA

3.3.3 与主动干预故障相转移装置仿真对比分析

为验证选相失败条件下故障点电流分析，在 PSCAD 中搭建典型 10 kV 配电网单相接地故障模型，并接入 YNyn6 电力变压器型电压消弧装置，接地方式为中性点不接地方式，设置 $C_0 = 3.5\ \mu F$，$R_0 = 12\ 000\ \Omega$，设定 0.1 s 时在 C 相发生单相金属性接地故障，故障选相错选为 B 相，装置在 0.25 s 时进行补偿，调节 B 相电压后，中性点电流 I_O 幅值如图 3.13 所示，其幅值约为 557 A，故障点电流 I_f 幅值约为 558 A。

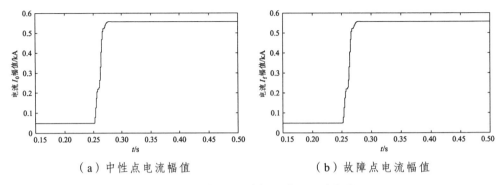

（a）中性点电流幅值 （b）故障点电流幅值

图 3.13 中性点电流与故障点电流幅值

在 PSCAD 中搭建了主动干预故障相转移装置仿真模型，拓扑如图 3.14 所示，设置 $C_0 = 3.5\ \mu F$，$R_0 = 12\ 000\ \Omega$，设定 0.1 s 时在 C 相发生单相金属性接地故障，故障选相错选为 B 相，装置在 0.25 s 时进行故障相转移，其转移相限流电阻为 0.1 Ω，调节 B 相电压后中性点电流 I_0 和故障点电流 I_f 幅值如图 3.15 所示，中性点电流 I_0 幅值约为 48.45 kA，故障点电流 I_f 幅值约为 48.43 kA。

在该模型基础上再次设定 0.1 s 时在 C 相发生单相金属性接地故障，故障选相错选为 B 相，装置在 0.25 s 时进行故障相转移，其转移相限流电阻为 1 Ω，调节 B 相电压后中性点电流 I_0 和故障点电流 I_f 幅值如图 3.16 所示，中性点电流 I_0 幅值约为 9.37 kA，故障点电流 I_f 幅值约为 9.39 kA。

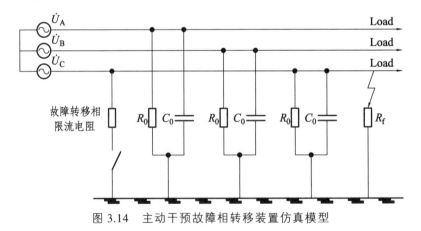

图 3.14 主动干预故障相转移装置仿真模型

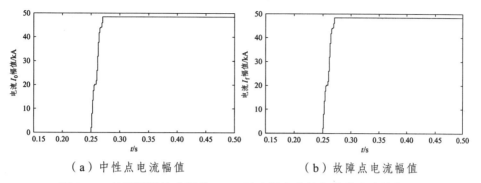

（a）中性点电流幅值　　　　　　　　（b）故障点电流幅值

图 3.15　转移相限流电阻为 0.1 Ω时中性点电流与故障点电流幅值

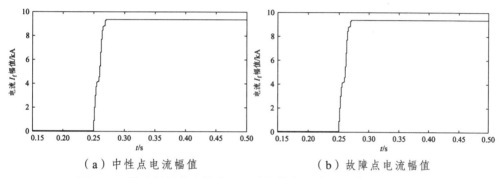

（a）中性点电流幅值　　　　　　　　（b）故障点电流幅值

图 3.16　转移相限流电阻为 1 Ω时中性点电流和故障点电流幅值

在该模型基础上再次设定 0.1 s 时在 C 相发生单相金属性接地故障，故障选相错选为 B 相，装置在 0.25 s 时进行故障相转移，其转移相限流电阻为 10 Ω，调节 B 相电压后中性点电流 I_0 和故障点电流 I_f 幅值如图 3.17 所示，中性点电流 I_0 幅值约为 1.03 kA，故障点电流 I_f 幅值约为 1.01 kA。

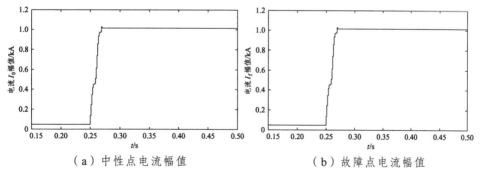

（a）中性点电流幅值　　　　　　　　（b）故障点电流幅值

图 3.17　转移相限流电阻为 10 Ω时中性点电流和故障点电流幅值

从理论分析和仿真分析可以看到，在选错相的情况下，故障相转移消弧装置在转移相限流电阻分别为 0.1 Ω、1 Ω 和 10 Ω 三种情况下产生的接地故障电流分别比中性点经 YNyn6 成套装置接地方式选错相产生的接地故障电流大 86.8 倍、6.8 倍和 1.8 倍。

表 3.5　故障相转移消弧装置系统与中性点经 YNyn6 成套装置接地方式故障点电流幅值对比

消弧系统名称	转移相接地限流电阻	故障点电流幅值
故障相转移消弧装置系统	0.1 Ω	48.43 kA
	1 Ω	9.37 kA
	10 Ω	1.03 kA
经 YNyn6 电力变压器型电压源补偿装置接地系统	—	0.558 kA

第四章　YNyn6 电力变压器型电压源补偿系统拓扑设计及关键参数确定

本章主要对 Ynyn6 电力变压器型电压源补偿系统拓扑结构进行了详细设计与介绍，包括成套装置特点、工作原理、技术参数、各保护方框图、硬件说明以及定值内容及整定说明等内容,并确定设计了 Ynyn6 电力变压器型电压源补偿成套系统的容量、漏抗、直流电阻等关键参数，以满足各种复杂工况下单相接地故障处置要求。

4.1　Ynyn6 电力变压器型电压源补偿系统拓扑设计

变压器 YNyn6 电力变压器型电压源补偿系统拓扑结构、一次接线如图 4.1 所示，整个消弧控制系统主要包括 YNyn6 电力变压器型电压源、接地变压器、消弧线圈、注入变、电容柜、选线及消弧控制屏、电源屏等。配电网中性点由接地变压器引出，消弧线圈与注入变压器原边并联接于中性点和地之间，注入电源屏柜从注入变二次侧注入幅值和相位可调电源，选线及消弧控制屏进行系统对地参数测量，对消弧线圈挡位进行调节，并对注入变二次侧的电容器组进行精确投切，控制注入源的幅值和相位，实现故障消弧和过电压抑制。

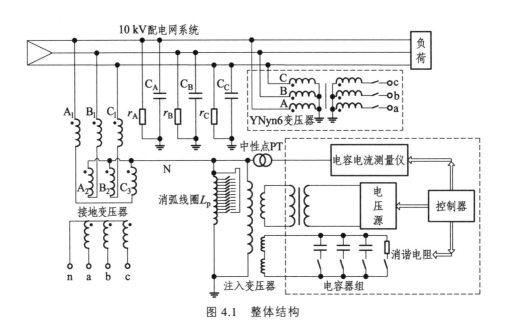

图 4.1   整体结构

4.1.1   装置尺寸及环境参数

选线及消弧控制屏：800 mm × 600 mm × 2 260 mm（长 × 宽 × 高）；

电源屏：800 mm × 800 mm × 2 260 mm（长 × 宽 × 高）；

使用工作温度：－ 15 ℃ ～ +55 ℃；

存储运输温度：－ 25 ℃ ～ +70 ℃；

相对湿度：<95%；

防护等级：IP42；

安装地点：户内；

其他条件：安装场所的空气中不应含化学腐蚀气体和蒸气，无爆炸性尘埃。

消弧部分装置采用全封闭 6U 标准机箱，嵌入式安装于屏柜，如图 4.2 所示。其安装尺寸如图 4.3 所示。

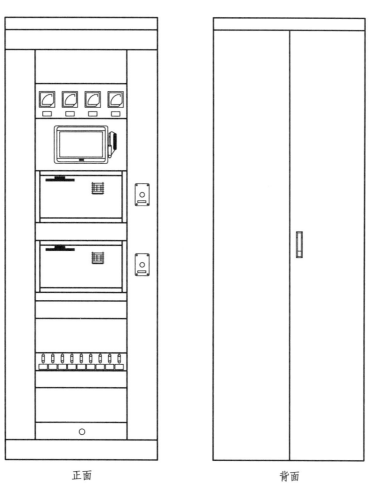

正面   背面

图 4.2 选线及消弧控制屏柜面

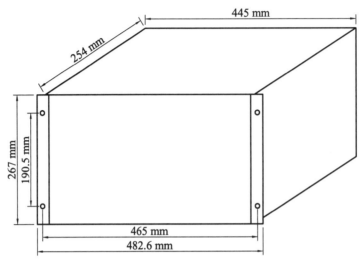

图 4.3　消弧装置安装尺寸

选线部分装置采用全封闭 6U、全宽机箱，嵌入安装于屏柜，如图 4.4 所示。

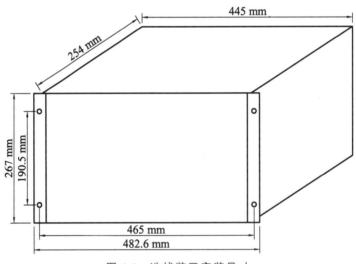

图 4.4　选线装置安装尺寸

4.1.2 装置模块组件

装置主要由消弧控制屏、电压源屏（PLC 电气柜、阻尼电阻及电容柜）、可调节抽头挡位的单相注入变压器本体箱等部分组成，故障处理的基本原理是当配电网发生单相接地故障后，取接地变压器 380 V 侧的相间电压（配电变压器 YnD11）经可调挡位的单相注入变压器注入系统中性点（相位固定，仅需调整幅值），控制位移电压在中性点电压安全运行域内，使故障点的残流降低至零，达到快速熄弧的目的，保障设备和人身的安全，提升电网运行的可靠性。配电网零序电压柔性控制装置系统模块组件示意如图 4.5 所示。

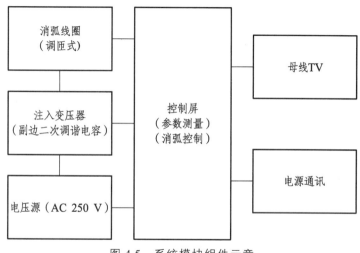

图 4.5 系统模块组件示意

4.1.3 装置电路图

装置主要由户外柜和消弧选线屏两大部分组成，户外柜与站内已有的调匝式消弧线圈并连接于 10 kV 中性点和地之间，消弧选线屏安装在二次室内。装置电路图如 4.6 所示，装置通过对 10 kV 配电网阻抗、零序电流、零序电压等参数进行分析，可准确地选出故障线路，并巧妙利用非有效接地配电网的天然优势，即电源、负荷均为三角形接线，中性点位移电压变化不影响电源和负荷正常运行，可以灵活调控的特性，创造性地直接外加基于 YNyn6 电力变压器型的零序电压源，主动调控中性点位移电压，使故障点电压小于电弧重燃电压，从根本上实现接地故障消弧。

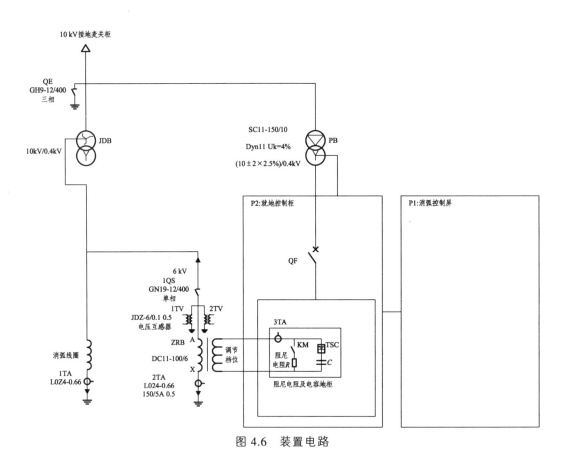

图 4.6　装置电路

4.1.4　装置接线原理图

直流、交流电源回路如图 4.7、图 4.8 所示，将 24 V 直流电压供给逆变器，实现直流电流转变为交流电流，输送至装置内部电路，其中 61850 模块为选配附件，标准屏柜不装配。

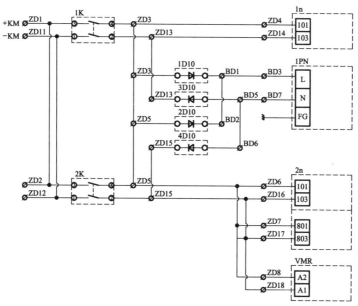

图 4.7 直流、交流电源回路图一

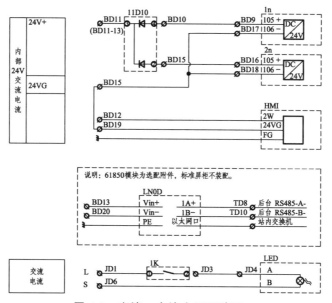

图 4.8 直流、交流电源回路图二

交流电流回路如图 4.9 所示, 零序电流共流过 18 条支路, 将交流电流提供给消弧线圈、注入变、电容组以及电源柜, 维持装置正常运行。

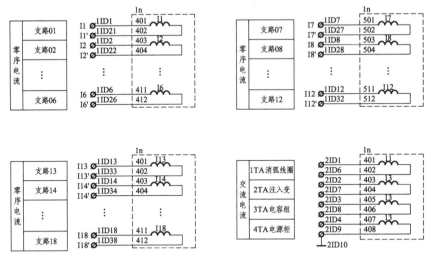

图 4.9 交流电流回路

交流电压回路如图 4.10、图 4.11、图 4.12 所示, 通过中性点向系统注入电压, 并且实时测量系统三相电压与中性点的反馈电压, 实现故障的选相与处理。

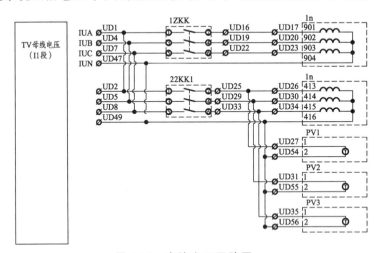

图 4.10 交流电压回路图一

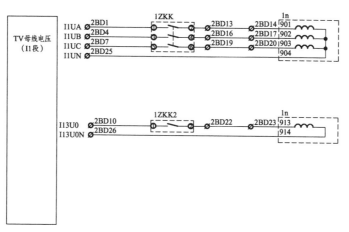

图 4.11　交流电压回路图二

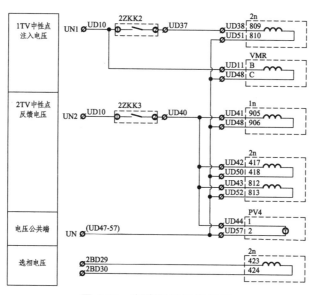

图 4.12　交流电压回路图三

输入回路如图 4.13、图 4.14 所示，装置挡位支持一对一、二进制编码、BCD 编码输入，并且挡位开关控制电源为直流 24 V。

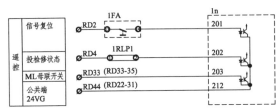

图 4.13　输入回路图一

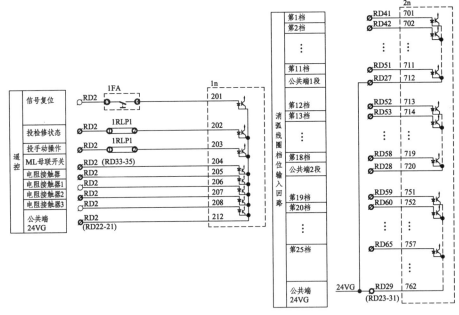

图 4.14　输入回路图二

输出控制回路如图 4.15、图 4.16 所示，可实现系统失电、告警、接地、补偿等操作的控制。

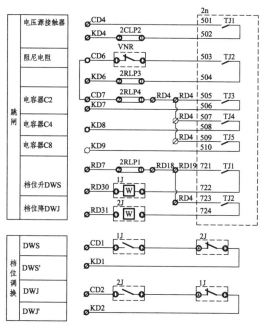

图 4.15　输出控制回路图一

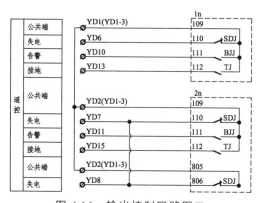

图 4.16　输出控制回路图二

通信、对时回路图如图 4.17 所示，图中标"#"号的为通信回路，要求使用通信电缆，并且需将橙/白芯接于 RS485-A，将蓝/白芯接于 RS485-B，屏蔽层接地。

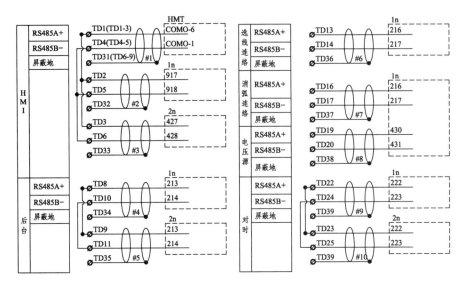

说明：图中标"#"号的为通信回路，要求使用专用通信电缆，
接线规范：将橙/白芯接于HS485H-A，将蓝/白芯接于RS485-B，屏蔽层接地。

图 4.17   通信、对时回路

装置背面及附件接线如图 4.18、图 4.19、图 4.20 所示。图 4.18 中，触摸屏 HMI 的通信插头使用 D-SUB 连接器 9P，标"#"号的为通信回路，要求使用通信电缆。图 4.19 中，RLP 压板是黄色，CLP 压板是红色，其他压板是浅驼色；1PW、VMR、1J、2J 之间用固定端子 E/UK 隔开固定，1J、2J 配底座 CR-M2SS 和固定夹 CR-MH1。图 4.20 中，二极管放线槽内，并且焊接引线延长，线径不小于 0.5，需要加上热塑管绝缘，并且要预留 1MOD 的位置，1J 左边需要 2 个 E/UK 端子。

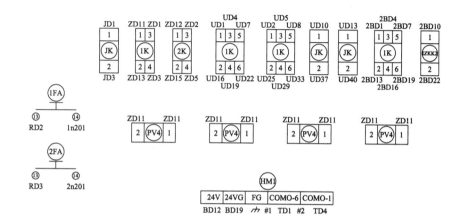

说明：1、触摸屏HWI的通信插头使用D-SUB连接器9P；
2、图中标"#"号的为通讯回路，要求使用专用通信电缆。

图 4.18 背面及附件接线图一

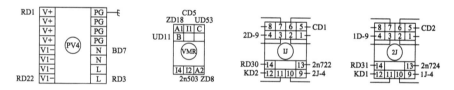

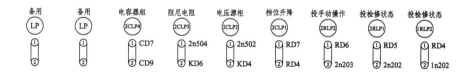

说明：1、RLP压板是黄色，CLP压板是红色，其他压板是浅驼色；
2、IPW、VMR、1J、2J之间用固定端子E/UK隔开固定；
3、1J、2J配底座CR-M2SS和固定夹CR-MH1。

图 4.19 背面及附件接线图二

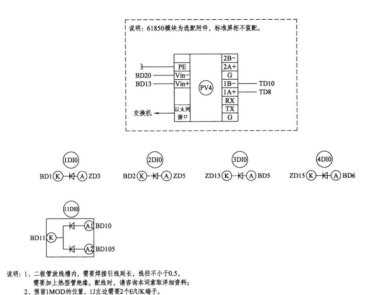

图 4.20　背面及附件接线图三

背视左侧端子排如图 4.21、4.22 所示，图中，标"%"号接对应通信线屏蔽层，使用接地端子，加侧连梳短接，其他采用 UK5N 端子；标"▷"的地方加隔板；标"#"号的地方要求使用专用通信电缆，屏蔽层接地。

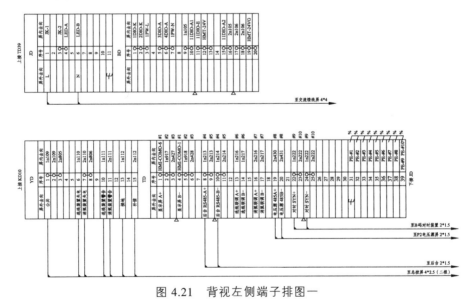

图 4.21　背视左侧端子排图一

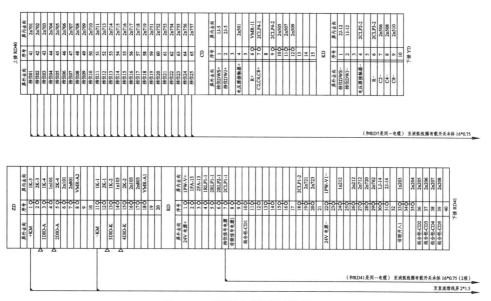

图 4.22　背视左侧端子排图二

背视右侧端子排图如图 4.23、图 4.24 所示，UD、ID、1BD、2BD 采用 URTK/S 实验端子，标"*"号的为交流电流回路，使用 2.5 mm 的线。

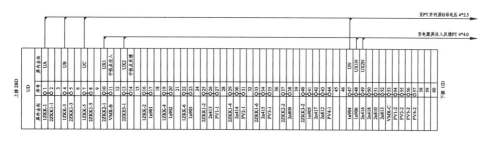

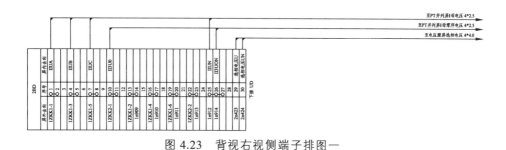

图 4.23　背视右视侧端子排图一

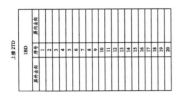

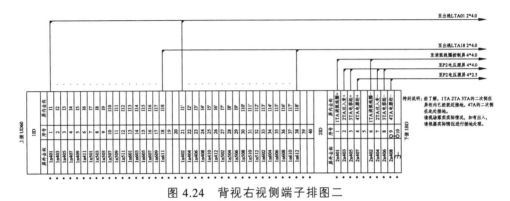

图 4.24　背视右视侧端子排图二

4.1.5　成套系统接地故障消弧装置

1）硬件总体结构

　　基于 YNyn6 电力变压器型电压源补偿的接地故障电压消弧装置的数字控制系统采用 DSP（Digital Signal Processor）+CPLD（Complex Programmable Logic Device），配以必要的外围电路来实现采集数据、数据处理、逻辑保护和传输数据等功能。控制电路主要包括：DSP 芯片、CPLD 芯片、信号调理电路、掉电存储电路、保护电路、RS-485 通信接口电路、过零检测电路和触摸屏等组成，控制电路结构如图 4.25 所示。

　　主要实现以下功能：

　　（1）当判断为发生配电网单相接地故障，根据采集到的三相电压以及中性点电压判断故障发生以及故障相。

　　（2）取 YNyn6 变压器二次侧的对应相电势经可调挡位的单相注入变压器注入到系统中性点（相位固定，仅需调整幅值），控制位移电压在中性点电压安全运行域内，使故障点的残流降低至零。

　　（3）直流母线发生过压故障或逆变单元发生过流故障将故障信号送入控制芯片，迅速闭锁 PWM 脉冲信号，停止发波并发出警报提醒工作人员及时处理故障。

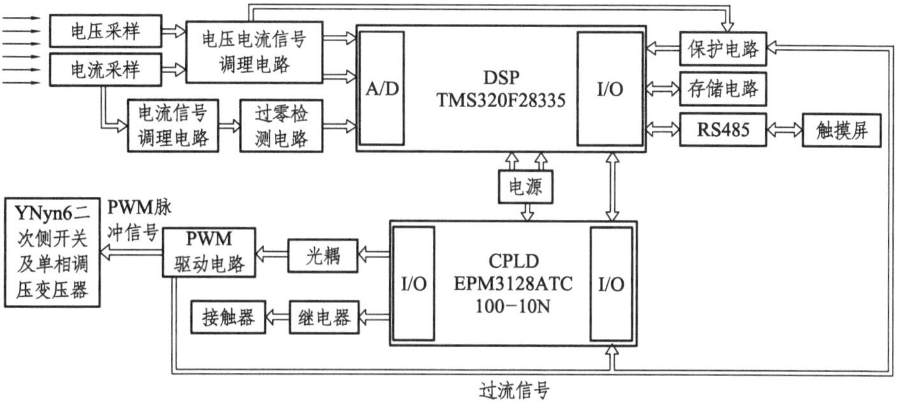

图 4.25　基于 YNyn6 电力变压器型电压源补偿的接地故障电压消弧装置控制电路结构

（4）接地故障消除装置迅速停止注入电压。

（5）触摸屏实时显示系统状态，控制装置启动停止，修改控制器参数以及进行自校验。

2）电压源部分整体架构

电压源屏作为配电网单相故障快速处理装置的核心电压提供单元，采用高可靠性的 UPS 单元组成，电源屏采用交-直-交变换工作原理，如图 4.26 所示。交-直变换部分采用三相全控晶闸管整流电路，将三相交流电变换成稳定的直流电压。

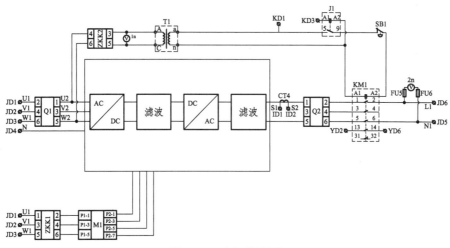

图 4.26　电源屏原理

3）电压源屏保护逻辑设计

为保证装置电压源可靠运行，在各种运行工况下执行输出、闭锁等动作无误，装置研发设计了电源屏保护逻辑，图 4.27 所示为消弧保护逻辑框图，当发生单相接地故障，系统零序电压大于整定值时，配电网单相故障快速处理装置启动选相，装置利用 ABC 三相电压计算出故障相，并将选相结果进行就地显示和上传到后台。判断出故障相后，装置将根据故障相计算补偿电压相位和幅值给电压源，由电压源输出补偿电压注入系统。

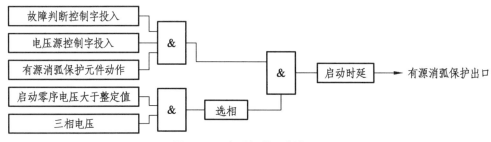

图 4.27　消弧保护逻辑框图

发生单相接地故障，电压源投入，当电压源输出电流大于电压源自身的额定电流时，为了保护电压源，成套装置启动电压源过流保护，出口跳电压源。

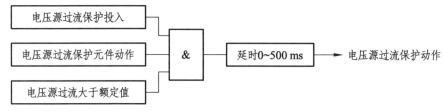

图 4.28　电压源过流保护逻辑框图

互感器单元 TV 发生异常时，分析以下情况：

（1）发生单相接地故障，当线电压不对称率大于 10% 时，装置会启动 TV 异常判断；当线电压不对称率持续时间大于整定延时，成套装置发 TV 异常信号。

（2）当实测零序电压与装置计算得到的零序电压误差大于 5% 时，装置发 TV 异常信号。

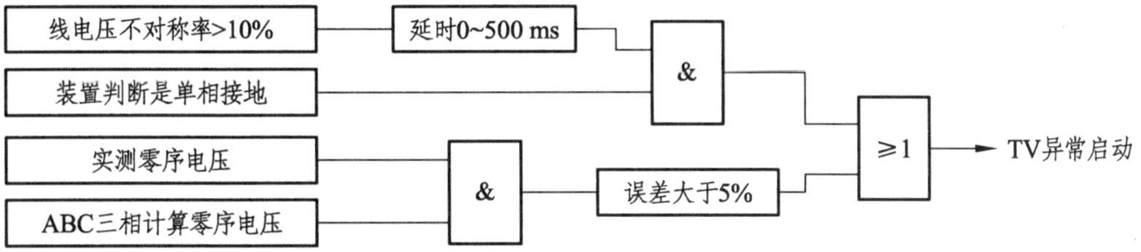

图 4.29 TV 异常逻辑框图

通过设计针对配电网单相故障快速处理装置的电源屏保护方案，有效防止电源屏出现误动、拒动与过负荷运行状况，为电源模块的正常稳定运行提供有力保障。

4）DSP+CPLD 主控单元介绍

DSP 芯片采用美国德州仪器公司的数字信号处理器 TMS320F28335，是一种高性能浮点处理器，能够快速处理各种复杂数学算法，在数字控制领域得到广泛的应用，该芯片具有以下特点：

（1）抗干扰能力强，对使用环境要求不高，可在 –40～85 ℃温度下正常工作；

（2）支持 C/C++汇编语言；

（3）工作频率高，最高可达 150MHz；

（4）内置存储空间大，Flash 存储器最大存储空间达 256 K×16Bit，RAM 存储空间 34K×16Bit，ROM 存储空间 1K×16 Bit；

（5）自带 A/D 转换器，具有 2×8 通道，分辨率高达 12Bit，转换时间 80ns，支持多通道同时转换；

（6）输入输出（GPIO）引脚多，共有 88 个可编程复用 GPIO；

（7）脉宽调制（PWM）通道多，共有 18 个通道，方便多回路同时输出；

（8）采用哈佛结构，程序存储器与数据存储器分开，大幅提高数据处理能力和处理速度；

（9）功耗低，采用 3.3 V 和 1.9 V 的双电源供电；

（10）最多支持 58 个外设中断，方便外设中断扩展；

（11）具备 32 位浮点处理单元，数据处理速度快；

（12）数据传输速度快，数据总线宽度达 32 Bit。

CPLD 采用美国 Altera 公司的 EPM3128 ATC100-10N 芯片。该系列芯片具有以下优点：I/O 引脚多达 80 个，具有 2 500 个可用门，管脚间延迟时间仅 10 ns，计数器最高工作频率可达 100MHz，完全能够满足系统设计的需要。与 FPGA 相比，CPLD 具有处理速度快、操作灵活、密闭性好等优点，另外 CPLD 的门数相对较少更适合小规模设计。

本装置设计以 DSP+CPLD 主控制单元的有源消弧装置，DSP 与 CPLD 通过 I/O 口进行数据传输，DSP 产生的 PWM 信号传输到 CPLD，然后由 CPLD 送到驱动电路。CPLD 具有强大的逻辑处理能力，主要来实现装置电路的触发、过流过压保护等功能，减少了 DSP 的处理负担，使其集中处理复杂算法，提高处理器的数据处理能力。

5）电源屏原理

电源屏通过 PLC 控制选相接触器选相、通过接触器无扰切换回路调节注入变压器挡位来完成对装置注入系统中性点零序电压幅值和相位的调整。电源屏的工作原理如图 4.30 所示。

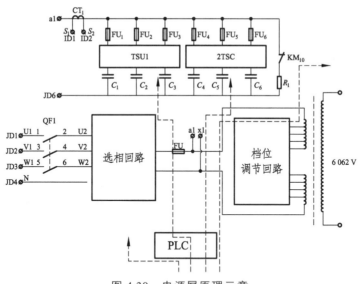

图 4.30　电源屏原理示意

消弧装置检测判断出系统接地故障的相别，发出相位选择指令给电源屏 PLC，由 PLC 控制接触器选择注入电压的相位；同时消弧装置根据接地故障的严重程度计算出注入中性点电压的幅值大小，随后通过通信发出调整挡位指令给 PLC，由 PLC 控制电源屏的挡位无扰切换电路实现注入变压器挡位无扰动快速切换，从而实现快速电压降压消弧功能。

6）软件设计

软件程序是故障消弧模块的重要组成部分，软件程序主要实现数据的快速处理、产生控制信号、提供友好的人机界面以及对装置进行保护等功能。

软件程序主要功能为：上电后首先对程序进行初始化，之后对三相电压以及中性点电压进行采样，根据中性点电压值是否超过相电压的15%为依据判断是否发生单相接地故障。若判断为单相接地故障，根据采集到的三相电压值判断故障相，选取故障相电源电动势的相反数作为控制系统输入量，控制生成 PWM 脉冲信号，控制逆变电路向配电网注入电流，直至单相接地故障消除。

装置控制程序是从 DSP 芯片内的 Flash 启动，因此在 CPLD 中将 I/O 接口设置为高电平。上电后先装载程序，把 Flash 中的程序转移到 DSP 芯片内低 16 KB RAM 中运行。程序开始后首先屏蔽各种中断程序对系统及外围模块进行一系列的初始化设置，之后开使能中断，等待循环。当有中断产生时，程序跳转到通用中断服务程序，读取寄存器里的外设中断向量表再跳转到对应的外设中断程序，执行中断程序，中断程序完成返回之前执行的程序。主程序流程如图 4.31 所示，动作时序如图 4.32 所示。

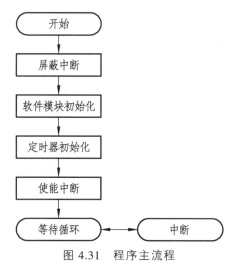

图 4.31　程序主流程

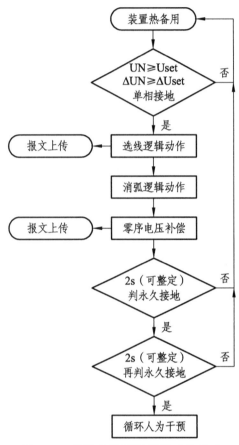

图 4.32　接地故障消弧装置动作时序

4.2　补偿系统容量、漏抗、直流电阻参数确定

1）补偿系统容量

配电变压器的额定容量为：

$$S_N = mI_N U_N \tag{4.1}$$

式中，I_N 为高压侧或低压侧绕组的额定电流；U_N 为相应侧的额定电压相电压；m 表示相数，单相时 $m=1$，三相时 $m=3$。考虑消弧线圈的补偿作用，若 10 kV 等级配电网选取对地电容容值为 15 μF 时，针对不含消弧线圈（不接地系统）及含消弧线圈两种情形分别设置 YNyn6 变压器及单相可调注入变的容量。

　　a. 不含消弧线圈（欠补偿 100%）：选取 YNyn6 变压器及单相可调注入变的容量分别为 1 600 kVA 和 500 kVA。

　　b. 含消弧线圈（过补偿 5%）：选取 YNyn6 变压器及单相可调注入变的容量分别为 315 kVA 和 100 kVA。

　　电源屏额定容量：50 kVA。

　　电容柜容量：120 kVar。

　　输出接点容量：

　　a. 信号接点容量：允许长期通过电流 5 A，切断电流 0.3 A（DC 220 V，V/R 1 ms）

　　b. 跳闸接点容量：允许长期通过电流 5 A，切断电流 0.3 A（DC 220 V，V/R 1 ms），不带电流保持。

2）漏　抗

　　在 YNyn6 变压器及单相可调注入变压器绕组存在漏抗，漏抗由绕组漏磁通引起，当电流经过时，将产生自动电动势，引起自感压降。根据 3.2 节分析可知，接地故障发生并控制故障残压为零时的最佳变比 n_ε 表达式与变压器漏抗有关，因此漏抗大小的不同，会影响零序电压调控精确度，进而影响接地故障 YNyn6 无源补偿效果。因此，有必要对漏抗值进行分析设计。

　　综合 YNyn6 无源补偿效果及调控误差等因素，令 YNyn6 变压器与调压器漏抗值（p.u.）相等，其范围为 [0.06，0.1]。

　　在该漏抗值（p.u.）范围内，针对配电网含消弧线圈与不含消弧线圈两种情况，得 YNyn6 电力变压器型电压源补偿系统金属性接地故障工况下接地电流理论计算值和仿真实际值的结果如图 4.33 所示。

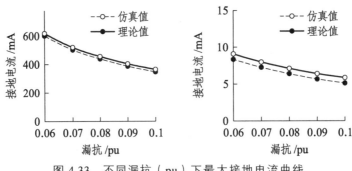

图 4.33　不同漏抗（pu）下最大接地电流曲线

由图 4.33 可以看出，无论是否含消弧线圈，经 YNyn6 无源补偿成套系统对故障电流进行补偿后，随着变压器漏抗值的增大，接地残流呈减小趋势，且含消弧线圈系统残流抑制效果更佳。

因此，将 YNyn6 无源补偿成套系统与消弧线圈搭配使用，并在不影响装置工作效果前提下合理设计增大变压器和调压器漏抗值，可以提升整个补偿系统的故障电流抑制能力，实现故障电流精细补偿。

3) 直流电阻

变压器直流电阻是指给元件通上直流电所呈现出的电阻,即元件固有的静态电阻,与设计有关。变压器绕组直流电阻测试是出厂、交接和预防试验的基本项目之一，也是变压器出现故障后的重要检查项目。它能反映变压器的绕线焊接质量、分接开关接触不良、绕组或引出线断线以及绕组层间和匝间短路等缺陷，是检测直阻不平衡的直接办法。

由工艺上缺陷、接头处接触不良等原因造成的三相变压器直流电阻不平衡往往会带来严重后果，轻则造成局部发热，重则烧毁变压器。

因此，为保障变压器安全运行，在《电力设备预防性试验规程》（DL/T 596—2021）中规定了变压器的不平衡率的限值：1.6 MVA 以上的变压器，各绕组相平衡率不大于2%，线不平衡率不大于 1%；1.6 MVA 以下的变压器各绕组相平衡率不大于 4%，线不平衡率不大于 2%。

结合单变压器 YNyn6 无源补偿成套系统变压器容量可知，YNyn6 变压器各绕组相不平衡率应不大于 4%，线不平衡率不大于 2%。

第五章 YNyn6 电力变压器型电压源调控的接地 故障选相与选线方法

为解决配电网出现高阻接地故障时选相和选线易出现错误的问题，本章提出了 YNyn6 电力变压器型电压源调控的接地故障选相与选线方法。该方法详细分析各馈线零序电流在中性点零序电压调控前后的变化情况，利用不同调控状态下故障与健全馈线零序等值导纳的离散程度来辨识故障馈线，得出故障选线函数并构造了选线判据；其次根据分相调控过程中馈线零序等值导纳与故障前馈线对地导纳差值的相角关系进行故障相判别，得出故障选相函数并构造了选相判据。

5.1 YNyn6 电力变压器型电压源调控的接地故障选线原理

含有 n 回出线的配电网接地故障拓扑如图 5.1 所示，图中 $\dot{E}_{\mathrm{A}}$、$\dot{E}_{\mathrm{B}}$、$\dot{E}_{\mathrm{C}}$ 为三相电源电压，$Y_{Xi}=1/R_{Xi}+\mathrm{j}\omega C_{Xi}$ （$X=\mathrm{A}$，B，C）为馈线 i 上 X 相的对地导纳，$1/R_{Xi}$ 和 C_{Xi} 分别为馈线 i 上 X 相的对地电导与对地电容，馈线 i 的对地总导纳为 $Y_{\Sigma i}=Y_{\mathrm{A}i}+Y_{\mathrm{B}i}+Y_{\mathrm{C}i}$，$Y_{0}$ 为中性点接地导纳，中性点经消弧线圈接地时 $Y_{0}=1/(\mathrm{j}\omega L)$，$L$ 为消弧线圈电感值。$\dot{I}_{0i}$ 为馈线 i 的零序电流。$\dot{U}_{0i}$ 为馈线中性点零序电压，$i,k\in[1,2,\cdots,n]$，$i\neq k$。假设馈线 k 的 C 相发生单相接地故障，R_{f} 为故障点过渡电阻。接地变压器的二次侧通过六个开关（S_{an}，S_{bn}，S_{cn}，S_{ap}，S_{bp}，S_{cp}）连接，接地变压器一次侧引出中性点 N 与再经导纳 Y_{0} 接地。

任意健全馈线 i 的零序测量导纳由该馈线的对地电导与对地电容构成，其表达式为：

$$Y_{0i}=\dot{I}_{0i}/\dot{U}_{0i}=Y_{\mathrm{A}i}+Y_{\mathrm{B}i}+Y_{\mathrm{C}i} \tag{5.1}$$

馈线对地电导和对地电容均为正数，故健全馈线导纳位于导纳平面的第一象限。故障馈线 k 的零序测量导纳为：

$$Y_{0k} = \dot{I}_{0k} / \dot{U}_{0k} = -Y_0 - \sum_{i=1,i \neq k}^{n} (Y_{Ai} + Y_{Bi} + Y_{Ci})$$

$$= -\left(\sum_{i=1,i \neq k}^{n} 1/R_{Ai} + \sum_{i=1,i \neq k}^{n} \frac{1}{R_{Bi}} 1/R_{Bi} + \sum_{i=1,i \neq k}^{n} 1/R_{Ci} \right) \quad (5.2)$$

$$-j\left[\sum_{i=1,i \neq k}^{n} \omega(C_{Ai} + C_{Bi} + C_{Ci}) + \frac{1}{\omega L} \right]$$

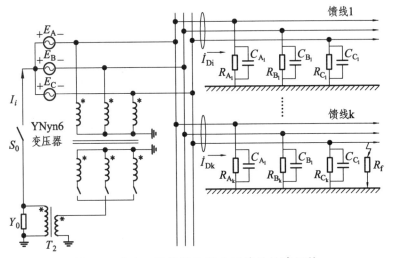

图 5.1　含有 n 回出线的配电网接地故障拓扑

　　为避免故障接地过渡电阻较高以及配电网三相对地导纳不对称的情况下，导致的故障动作区与非故障动作区裕度过低，本章提出了一种 Ynyn6 电力变压器型电压源调控的不对称配电网故障选线方法，主动改变零序回路激励，放大零序电压与电流使其相对易于测量，减少导纳计算误差。计算过程中减去馈线固有零序电流以消除配电网三相对地导纳不对称造成的影响，并利用不同调控状态下馈线零序等值导纳离散程度来辨识故障馈线和健全馈线以提高判据裕度，故障选线原理具体分析如下：

　　现场运行过程中，配电网三相线路对地导纳容易出现不平衡的情况，由此产生配电网固有零序电流，由文献可得配电网系统正常运行状态下任一馈线 i 的固有零序电流的计算公式：

$$\dot{I}_{0i} = (\dot{E}_A Y_{Ai} + \dot{E}_B Y_{Bi} + \dot{E}_C Y_{Ci}) = \dot{E}_C k_{0i} \quad (5.3)$$

式中，$k_{0i} = a^2 Y_{Ai} + a Y_{Bi} + Y_{Ci}$ 为馈线 i 固有对地导纳不对称矢量和；a 为单位向量算子，

$a = 1\angle 120°$，若配电网三相线路对地导纳对称，则 $\dot{I}_{0i} = 0$。

配电网发生单相接地故障后，启用变压器，该变压器可输出与电源电势 A、B、C 同相，幅值可调的电压；通过控制 YNyn6 变压器二次侧开关，调控中性点零序电压，首先调节注入变压器 T_2 的变比到合适位置；令 $\dot{U}'_N = \lambda \dot{E}_A$ 使得：$\dot{U}'_{0(A)} = \lambda \dot{E}_A$，并闭合对应相开关。其中，$\dot{U}'_N$ 为接地变压器输出电压，$\dot{U}'_{0(A)}$ 为接地变压器输出电压相位与电源相电势 $\dot{E}_A$ 同相位时的中性点零序电压，λ 为调控系数。该状态维持一段时间后，令 $\dot{U}'_N = \lambda \dot{E}_B$ 使得：$\dot{U}'_{0(B)} = \lambda \dot{E}_B$；该状态维持一段时间后，令 $\dot{U}'_N = \lambda \dot{E}_C$ 使得：$\dot{U}'_{0(C)} = \lambda \dot{E}_C$；开关动作过程中零序互感器持续监测零序电流和零序电压的变化情况。

具体来说，以 YNyn6 变压器输出电压相位与电源相电势 $\dot{E}_A$ 同相位为例，由基尔霍夫定律求得，此时故障馈线 k 的零序电流的表达式为：

$$\dot{I}'_{0k(A)} = (\dot{U}'_{0(A)} + \dot{E}_A)Y_{Ak} + (\dot{U}'_{0(A)} + \dot{E}_B)Y_{Bk} +$$
$$(\dot{U}'_{0(A)} + \dot{E}_C)\left(Y_{Ck} + \frac{1}{R_f}\right) \tag{5.4}$$

馈线 k 的零序等值导纳计算公式如下：

$$\frac{\dot{I}'_{0k(A)} - \dot{I}_{0k}}{\dot{U}'_{0(A)}} = Y_{\Sigma k} + \frac{1}{R_f} + \frac{\dot{E}_C}{R_f \dot{U}'_{0(A)}} \tag{5.5}$$

从该式可以看出，系统零序等值导纳值与中性点零序电压、接地故障过渡电阻有关，故障馈线 k 的零序等值导纳会随着中性点零序电压变化。其余非故障馈线没有故障支路，过渡电阻不存在，即在式（5.5）中令 R_f 趋于无穷大，此时非故障馈线 i 的零序电流为：

$$\dot{I}'_{0i(A)} = (\dot{U}'_{0(A)} + \dot{E}_A)Y_{Ai} + (\dot{U}'_{0(A)} + \dot{E}_B)Y_{Bi} + (\dot{U}'_{0(A)} + \dot{E}_C)Y_{Ci}$$
$$i \in [1, 2, \cdots k-1, k+1, \cdots n] \tag{5.6}$$

馈线零序等值导纳为：

$$\frac{\dot{I}'_{0i(A)} - \dot{I}_{0i}}{\dot{U}'_{0(A)}} = Y_{\Sigma i} \tag{5.7}$$

即非故障馈线的零序等值导纳恒定为该馈线三相对地导纳之和。同理，当接地变压器输出电压相位分别与电源相电势 $\dot{E}_B$、$\dot{E}_C$ 同相位时，上述结论仍然成立。故可通过主动调控配电网系统的中性点电压,零序互感器全程测量分相调控过程中的配电系统的故障馈线零序电流、中性点零序电压、馈线零序等值导纳,并记录其随中性点电压的幅值与相位变化的过程,根据相关特征进行故障选线。

针对图 5.1 所示的 10 kV 配电网,取其中一条馈线,馈线参数如表 5.1 所示,此时灵活改变中性点零序电压的幅值与相位,全程监测该馈线零序电流幅值并将其记录,其三维图如图 5.2 所示。

表 5.1　仿真场景 1 线路参数

参　数	取　值
配电网对地等效电容	20 μF
脱谐度	−10%
线路阻尼率	3%
配电网不对称度	2%
馈线对地电容	6.67 μF
接地过渡电阻	3 000 Ω

调压过程中如图 5.2(a)所示,零序等值导纳会因为中性点零序电压的改变而发生变化;如图 5.2(b)所示,零序电流仅随零序电压幅值呈线性关系,所以非故障馈线零序等值导纳不受中性点零序电压变化并保持恒定,验证了上述理论推导。

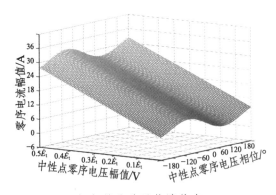

(a)馈线处于故障状态

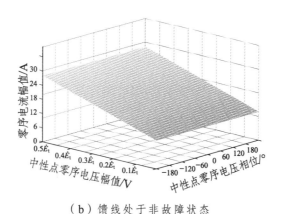

（b）馈线处于非故障状态

图 5.2 零序电流幅值与中性点零序电压幅值与相位关系

为有效量化零序等值导纳在调控过程中的变化情况，取不同调控状态下馈线零序等值导纳，调控结束后以馈线在各调控状态下零序等值导纳的幅值为样本计算方差，其中方差值较高的馈线即为故障馈线。

为便于计算与说明，建立故障选线函数 $z_i(\dot{I}'_{0i(A)}, \dot{I}'_{0i(B)}, \dot{I}'_{0i(C)})$：配电网正常工作时，测量各馈线的固有零序电流 $\dot{I}_{0i}$；故障发生后，使配电网系统中性点零序电压值依次分别为：$\dot{U}'_{0(t)} = \lambda \dot{E}_t$，其中，$0 < \lambda \leq 1/2, t = A, B, C$，各调控状态分别持续几个周波的时间，持续监测各馈线零序电流 $\dot{I}'_{0i(t)}$ 和中性点零序电压 $\dot{U}'_{0i(t)}$，得到：$y_{i(t)}(\dot{I}'_{0i(t)}) = \left| (\dot{I}'_{0i(t)} - \dot{I}_{0i}) / \dot{U}'_{0(t)} \right| \times 10^4$，其中，接地变压器输出电压相角与电源相电势 $\dot{E}_t$ 相同，t 代表三相电源电动势的其中一相并作为分相调控状态的标记，取值为 A、B、C。

令：

$$\bar{y}_i = \frac{y_{i(A)}(\dot{I}'_{0i(A)}) + y_{i(B)}(\dot{I}'_{0i(B)}) + y_{i(C)}(\dot{I}'_{0i(C)})}{3} \tag{5.8}$$

计算：

$$z_i(\dot{I}'_{0i(A)}, \dot{I}'_{0i(B)}, \dot{I}'_{0i(C)}) = \frac{1}{3}\{[y_{i(A)}(\dot{I}'_{0i(A)}) - \bar{y}_i]^2 + [y_{i(B)}(\dot{I}'_{0i(B)}) - \bar{y}_i]^2 + [y_{i(C)}(\dot{I}'_{0i(C)}) - \bar{y}_i]^2\} \tag{5.9}$$

考虑实际测量过程中，互感器的漏阻、漏抗及励磁阻抗等因素使得零序电压和零序电流测量均可能存在一定误差，故采用如下判据选取故障馈线。

测量相关数据，分别计算每条馈线的故障选线函数 $z_i(\dot{I}'_{0i(A)}, \dot{I}'_{0i(B)}, \dot{I}'_{0i(C)})$ 并进行比较，取函数值最大者所对应馈线为故障馈线。

5.2　YNyn6 电力变压器型电压源调控的接地故障选相原理

在图 2.8 所示配电网系统中，仍假设馈线 k 的 C 相发生接地故障。根据测量的配电网系统相关参数值，结合配电网系统对地导纳得出各馈线零序等值导纳与故障前馈线对地导纳差值 $\Delta Y'_t$，由该值的相角关系可进一步完成故障馈线的选相工作。故障选相的原理具体分析如下：

当调控中性点零序电压使得：$\dot{U}'_{0(t)} = \lambda \dot{E}_t$ $(t = A, B, C)$，馈线 k 对应的配电网等值导纳分别为：

$$\frac{\dot{I}'_{0k(A)}}{\lambda \dot{E}_A} = \frac{\dot{E}_C(a^2 Y_{Ak} + a Y_{Bk} + Y_{Ck} + \dfrac{1}{R_f})}{\lambda \dot{E}_A} + Y_{\Sigma k} + \frac{1}{R_f} \tag{5.10}$$

$$\frac{\dot{I}'_{0k(B)}}{\lambda \dot{E}_B} = \frac{\dot{E}_C(a^2 Y_{Ak} + a Y_{Bk} + Y_{Ck} + \dfrac{1}{R_f})}{\lambda \dot{E}_B} + Y_{\Sigma k} + \frac{1}{R_f} \tag{5.11}$$

$$\frac{\dot{I}'_{0k(C)}}{\lambda \dot{E}_C} = \frac{\dot{E}_C(a^2 Y_{Ak} + a Y_{Bk} + Y_{Ck} + \dfrac{1}{R_f})}{\lambda \dot{E}_C} + Y_{\Sigma k} + \frac{1}{R_f} \tag{5.12}$$

令：

$$\Delta Y'_t = \frac{\dot{I}'_{0k(t)} - \dot{I}_{0k}}{\dot{U}'_{0(t)}} - Y_{\Sigma k} = \frac{\dot{E}_t}{\dot{U}'_{0(t)} R_f} + \frac{1}{R_f} \tag{5.13}$$

当中性点零序电压被调控为 $\dot{U}'_{0(C)} = \lambda \dot{E}_C$ 时：

$$\Delta Y'_C = \frac{\dot{E}_c}{\lambda \dot{E}_c R_f} + \frac{1}{R_f} = \frac{\lambda + 1}{\lambda R_f} \tag{5.14}$$

同理，当中性点电压被调控为非故障相电源电动势的 λ 倍时：

$$\begin{cases} \Delta Y'_{\mathrm{A}} = \dfrac{1}{\lambda a^2 R_{\mathrm{f}}} + \dfrac{1}{R_{\mathrm{f}}} \\[3mm] \Delta Y'_{\mathrm{B}} = \dfrac{1}{\lambda a R_{\mathrm{f}}} + \dfrac{1}{R_{\mathrm{f}}} \end{cases} \tag{5.15}$$

式中，$1/R_{\mathrm{f}}$ 和 λ 均为正实数，接下来对 $\Delta Y'_t$ 的相角进行有效分析。

以 C 相为参考相，当中性点零序电压与故障相电源电动势相位一致时，由于 $\Delta Y'_{\mathrm{C}}$ 虚部为 0，显然其相角 $\theta_{\Delta Y'_{\mathrm{C}}} = 0°$。

当中性点零序电压与故障相电源电动势相位不一致时，对 $\Delta Y'_{\mathrm{A}}$ 和 $\Delta Y'_{\mathrm{B}}$ 的实部虚部进行有效分析，此时有：

$$\begin{cases} \mathrm{Im}(\Delta Y'_{\mathrm{A}}) = \dfrac{1}{\lambda R_{\mathrm{f}}}\sin(-120°) \\[3mm] \mathrm{Re}(\Delta Y'_{\mathrm{A}}) = \dfrac{1}{R_{\mathrm{f}}} + \dfrac{1}{\lambda R_{\mathrm{f}}}\cos(-120°) \\[3mm] \mathrm{Im}(\Delta Y'_{\mathrm{B}}) = \dfrac{1}{\lambda R_{\mathrm{f}}}\sin(120°) \\[3mm] \mathrm{Re}(\Delta Y'_{\mathrm{B}}) = \dfrac{1}{R_{\mathrm{f}}} + \dfrac{1}{\lambda R_{\mathrm{f}}}\cos(120°) \end{cases} \tag{5.16}$$

对 $\Delta Y'_{\mathrm{A}}$ 和 $\Delta Y'_{\mathrm{B}}$ 求相角得：

$$\begin{cases} \theta_{\Delta Y'_{\mathrm{A}}} = \arctan\left(\dfrac{\sqrt{3}}{1-2\lambda}\right) - \pi \\[3mm] \theta_{\Delta Y'_{\mathrm{B}}} = \arctan\left(\dfrac{\sqrt{3}}{2\lambda-1}\right) + \pi \end{cases} \tag{5.17}$$

对 $\sqrt{3}/(1-2\lambda)$ 分析可知，当 $0<\lambda\leqslant 1/2$ 时，在该区间内函数单调递增，由反正切函数性质可得：$\theta_{\Delta Y'_{\mathrm{A}}} \in (-120°,-90°)$，而对 $\sqrt{3}/(2\lambda-1)$ 进行分析可知，当 $0<\lambda\leqslant 1/2$ 时，函数单调递减，由反正切函数性质可得：$\theta_{\Delta Y'_{\mathrm{B}}} \in (90°,120°)$，而 $\theta_{\Delta Y'_{\mathrm{C}}}$ 恒等于 0。综上所述，当 $0<\lambda\leqslant 1/2$ 时，可以看出在不同调控过程中故障相和非故障相的 $\Delta Y'_t$ 相角有较大差异，故可根据分相调控过程中馈线零序等值导纳与故障前馈线对地导纳差值 $\Delta Y'_t$ 之间相角关系进行故障相判别。

故建立选相判别函数 $f_t(\Delta Y'_t)$：监测各调控状态下的馈线零序电流 $\dot{I}'_0$ 和中性点零序

电压 $\dot{U}'_{0(t)}$，计算不同调控状态下馈线零序等值导纳与故障前馈线对地导纳差值的相角绝对值：

$$\Delta Y'_t = \frac{\dot{I}'_{0k(t)} - \dot{I}_{0k}}{\dot{U}'_{0(t)}} - Y_{\Sigma k} \tag{5.18}$$

$$f_t(\Delta Y'_t) = \left| \theta_{\Delta Y'_t} \right| \tag{5.19}$$

调控中性点零序电压，当零序电压调控到与故障相电源电动势同相位时，选相判别函数值为 0；当零序电压调控到与非故障相电源电动势同相位时，选相判别函数值取值范围为 $f_t(\Delta Y'_t) \in (90°, 120°)$。

考虑互感器的漏阻、漏抗及励磁阻抗等因素使得零序量测量可能存在一定误差，有可能使函数相角求解过程中出现一定误差，有可能不会完全匹配理论推导所推演的角度，故采用如下判据选取故障相。

测量相关数据，分别计算分相调控过程中选相判别函数 $f_A(\Delta Y'_A)$、$f_B(\Delta Y'_B)$ 和 $f_C(\Delta Y'_C)$，其中故障相为三相中函数值最小者。

如在极端条件下发生选相错误的情况，假设故障相为 A 相，选相结果为 B 相，作系统向量如图 5.3 所示。

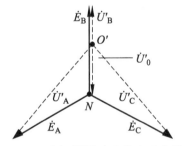

图 5.3　选相错误时系统电压向量

如图所示可以看到，若消弧装置错误地补偿了 B 相，则 B 相电压会被相对抑制，而非故障相电压 $\dot{U}''_C$ 和故障相电压 $\dot{U}''_A$ 则相对上升。

值得注意的是，其余消弧装置如接地故障点旁路转移消弧装置如出现选相错误的故障将会导致相间短路的严重事故，本装置选相错误仅相对提升了故障相电压，不会引起严重后果。

5.3　仿真分析

　　配电网故障选线选相整体实现流程如图 5.4 所示，配电网正常运行时，零序电压互感器实时监测配电网中性点零序电压，以系统额定相电压为标准，当零序电压变化大于 3%相电压或零序电压大于 15%相电压时，此时判定配电网系统发生了接地故障。

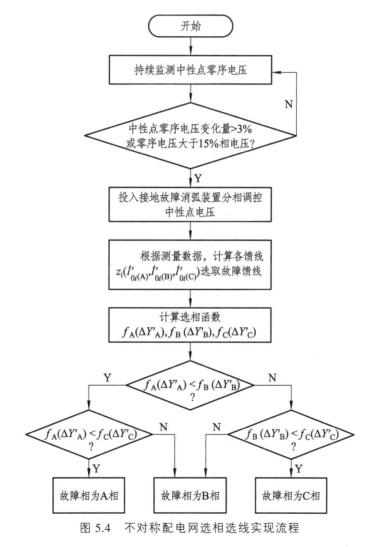

图 5.4　不对称配电网选相选线实现流程

判定配电网系统发生故障后,启动配电网故障选线选相方案:配电网正常工作时,通过测量配电网对地参数,计算各馈线的固有零序电流 $\dot{I}_{0i}$。故障发生后,控制 YNyn6 变压器二次侧开关使配电网系统中性点零序电压值依次分别为:$\dot{U}'_{0(t)} = \lambda \dot{E}_t$,其中,$0 < \lambda \leqslant 1/2, t = A, B, C$。各调控状态分别持续几个周波的时间,分别测量各调控状态下各馈线零序电流 $\dot{I}'_{0i(t)}$ 和中性点零序电压 $\dot{U}'_{0i(t)}$,结合式(5.7)得到各馈线的零序等值导纳,并分别计算各馈线的故障选线函数的数值 $z_i(\dot{I}'_{0i(A)}, \dot{I}'_{0i(B)}, \dot{I}'_{0i(C)})$,故障馈线为所对比馈线中函数值较大的馈线,完成故障选线;随后利用上一步测量得到的故障馈线零序等值导纳,结合配电网对地绝缘参数值代入公式分别计算 $f_A(\Delta Y'_A)$、$f_B(\Delta Y'_B)$ 和 $f_C(\Delta Y'_C)$,其中故障相为三相中函数值最小者。

为了验证本项目所提选线选相方法,在 PSCAD 中搭建了如图 3.6 所示的仿真模型,该配电网系统共设定 3 条出线,设定配电网为中性点经消弧线圈接地方式,消弧线圈设置为过补偿运行,脱谐度设置为 − 5%,消弧线圈电感为 0.162H,三条馈线对地导纳设定如表 5.2 所示,馈线 1 对地导纳对称,其余馈线则全部设置为三相不对称状态,配电网系统正常工作时计算得三条馈线的固有零序电流为 $\dot{I}_{01} = 0A$、$\dot{I}_{02} = 0.25\angle193.77°A$、$\dot{I}_{03} = 0.10\angle149.33°A$,$\lambda$ 取 $\sqrt{3}/10.5$,以下均设定馈线 3 的 C 相在 0.5 s 发生故障。

5.3.1 接地故障选线仿真分析

当配电网发生单相接地故障时,0.7 s 后成套装置开始进行动作,改变馈线中性点零序电压,即分别使中性点 $\dot{U}'_{0(A)} = 1\angle0°kV$、$\dot{U}'_{0(B)} = 1\angle240°kV$ 和 $\dot{U}'_{0(C)} = 1\angle120°kV$,依次维持 0.1 s,零序互感器实时检测零序电流等信息,依照此流程模拟多组不同故障过渡电阻的仿真实验,表 5.2 所示为各馈线零序电流幅值和相角数据。过渡电阻为 0.13 kΩ 和 10 kΩ 故障的零序电流幅值和相角分别如图 5.2 ~ 图 5.8 所示。

表 5.2 仿真场景 2 线路参数

项目		馈线 1	馈线 2	馈线 3
相对地电容/μF	A 相	3	3.16	0.41
	B 相	3	3.13	0.38
	C 相	3	3.26	0.43
相对地电阻/Ω	A 相	21 989	40 130	18 460
	B 相	21 989	41 260	19 844
	C 相	21 989	41 280	17 628
不平衡度/%		0	1.23	2.83

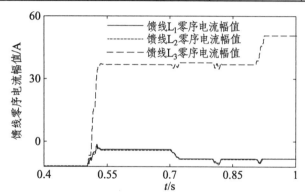

图 5.5 0.13 kΩ低阻接地故障各馈线零序电流幅值变化

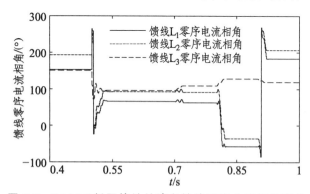

图 5.6 0.13 kΩ低阻接地故障各馈线零序电流相角变化

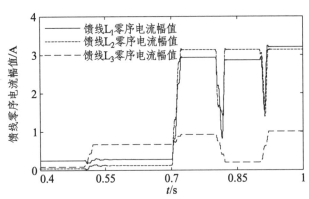

图 5.7　10 kΩ高阻接地故障各馈线零序电流幅值变化

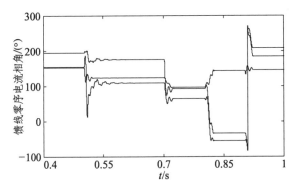

图 5.8　10 kΩ高阻接地故障各馈线零序电流相角变化

通过图 5.5 ~ 图 5.8 可以看出，在 0.7 ~ 1 s 内，YNyn6 变压器接入配电网系统调控中性点电压，无论发生低阻接地故障还是高阻接地故障，随着 YNyn6 变压器输出相位的改变，馈线零序电流幅值也会随之变化，非故障馈线零序电流幅值则相对保持恒定，由式（5.5）和式（5.7）可以推算故障馈线零序等值导纳将随着中性点电压的变化有较大的波动，而非故障馈线零序等值导纳则保持恒定，验证了第 5.1 节所提故障选线原理；故障馈线零序电流相角则保持在 92° ~ 112°，非故障馈线零序电流相角则随着 YNyn6 变压器输出相位的改变而发生较大波动，该数据将进一步用于后续故障选相。

表 5.3　分相调控故障选线仿真结果

馈线	$\dot{I}'_{0(A)}/A$	$\dot{I}'_{0(B)}/A$	$\dot{I}'_{0(C)}/A$	z_i
接地过渡电阻 R_f = 0.13 kΩ				
L_1	3.14∠63.34°	3.14∠−56.66°	3.14∠183.34°	0.069
L_2	2.93∠91.57°	2.87∠−35.46°	3.21∠206.99°	0.062
L_3	38.54∠109.43°	37.84∠128.50°	48.62∠122.63°	2673
接地过渡电阻 R_f = 1 kΩ				
L_1	3.14∠63.34°	3.14∠−56.66°	3.14∠183.34°	0.069
L_2	2.94∠91.57°	2.87∠−35.46°	3.21∠206.99°	0.062
L_3	5.66∠107.44°	4.96∠128.98°	6.95∠122.63°	67.81
接地过渡电阻 R_f = 5 kΩ				
L_1	3.14∠63.34°	3.14∠−56.66°	3.14∠183.34°	0.069
L_2	2.94∠91.57°	2.87∠−35.46°	3.21∠206.99°	0.062
L_3	1.45∠100.64°	0.73∠132.16°	1.64∠134.20°	15.68
接地过渡电阻 R_f = 10 kΩ				
L_1	3.14∠63.34°	3.14∠−56.66°	3.14∠183.34°	0.069
L_2	2.94∠91.57°	2.87∠−35.46°	3.21∠206.99°	0.062
L_3	0.93∠95.42°	0.20∠142.02°	1.01∠144.27°	13.92

由表 5.3 可知，配电网分别发生 0.13 kΩ、1 kΩ、5 kΩ、10 kΩ 单相接地故障时，可以看出馈线 L_3 故障选线函数值均为最高，四种情况均能准确判定馈线 L_3 为故障馈线。可以看出本章所提的故障选线方法受配电网各相对地绝缘参数不对称的影响较小，接地过渡电阻较高的情况下也能灵敏地辨识故障馈线。

而传统选线方法在不对称配电网高阻接地故障情况下受影响较大，在如图 3.6 所示的配电网模型基础上，退出 YNyn6 变压器，其余参数不变，分别设置馈线 3 的 C 相发生 5 kΩ 和 10 kΩ 的高阻接地故障，仿真结果如表 5.4 所示，其中 $\dot{U}'_0$、$\dot{I}'_0$ 分别为馈线中性点电压和电流。

表 5.4　配电网发生高阻接地故障时传统选线方法的仿真结果

馈线	$\dot{I}_0'/\mathrm{A}$	$\dot{U}_0'/\mathrm{V}$	零序导纳相角	相角差系数方法
接地过渡电阻 $R_f = 5\ \mathrm{k\Omega}$				
L_1	$0.30\angle96.82°$		$63.34°$	$53.1°$
L_2	$0.40\angle152.1°$	$95.67\angle33.48°$	$118.62°$	$-21.9°$
L_3	$1.27\angle119.66°$		$86.18°$	$-31.2°$
接地过渡电阻 $R_f = 10\ \mathrm{k\Omega}$				
L_1	$0.17\angle105.9°$		$63.34°$	$49.18°$
L_2	$0.31\angle168.12°$	$54.50\angle42.56°$	$125.56°$	$-22.32°$
L_3	$0.68\angle122.10°$		$79.54°$	$-26.87°$

　　传统选线法判据认为故障馈线零序导纳在第二或第三象限，从仿真结果表明当接地过渡电阻高于 5 kΩ 时，故障馈线 L_3 零序导纳顶点位于第一象限，非故障馈线 L_2 零序导纳顶点位于第二象限，故障馈线将误判为 L_2，与实际情况不符。改进的零序导纳法提出的相角差系数在接地过渡电阻高于 5 kΩ 时，非故障馈线 L_2 和故障馈线 L_3 相角差系数均为负数，无法判别故障馈线。而本章所提的与接地变压器配合的故障选线方法可以在可控范围内有效放大故障残流，在接地过渡电阻高于 5 kΩ 时依然准确识别故障馈线，具有良好的稳定性。

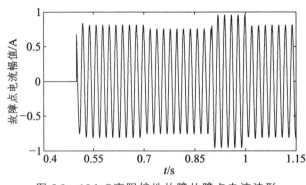

图 5.9　10 kΩ 高阻接地故障故障点电流波形

图 5.9 所示为 10 kΩ 单相接地故障时故障点电流波形，可以看出分相调控过程中仅 0.9~1 s 内故障点电流升高约 0.1 A，调控结束后即可恢复，故分相调控不会进一步增大故障点电流，加剧单相接地故障的严重程度。

为确保选线方法能在对地参数的对称馈线上使用，设定馈线 1 的 C 相故障，重复上述步骤，得到数据如表 5.5 所示。

表 5.5　分相调控故障选线仿真结果

接地过渡电阻 $R_f = 0.13$ kΩ				
馈线	$\dot{I}'_{0(A)}$ / A	$\dot{I}'_{0(B)}$ / A	$\dot{I}'_{0(C)}$ / A	z_i
L_1	44.31∠94.40°	37.98∠128.85°	53.54∠122.12°	65.8
L_2	6.57∠88.41°	6.29∠−31.55°	6.28∠208.45°	2.4
L_3	0.85∠72.05°	0.33∠−59.66°	0.49∠180.42°	2
接地过渡电阻 $R_f = 1$ kΩ				
L_1	10.81∠79.29°	2.23∠135.58°	8.62∠138.26°	36.5
L_2	6.57∠88.41°	6.29∠−31.55°	6.28∠208.45°	2.4
L_3	0.85∠72.05°	0.33∠−59.66°	0.49∠180.42°	2
接地过渡电阻 $R_f = 5$ kΩ				
L_1	7.13∠68.12°	2.08∠−59.27°	3.92∠165.22°	20.7
L_2	6.57∠88.41°	6.29∠−31.55°	6.28∠208.45°	2.4
L_3	0.85∠72.05°	0.33∠−59.66°	0.49∠180.42°	2
接地过渡电阻 $R_f = 10$ kΩ				
L_1	6.70∠65.88°	2.61∠−57.70°	3.49∠173.27°	17.6
L_2	6.57∠88.41°	6.29∠−31.55°	6.28∠208.45°	2.4
L_3	0.85∠72.05°	0.33∠−59.66°	0.49∠180.42°	2

由表 5.5 可知，对地参数对称的馈线 L_1 的故障选线函数值均为最高，四种情况均能准确判定馈线 L_1 为故障馈线，由此证明该方法仍然适用于配电网对地参数对称的馈线。

5.3.2　接地故障选相仿真分析

前文已识别出故障馈线为 L_3，通过收集故障馈线 L_3 的对地导纳 $Y_{\Sigma3}$，并同时结合系统中性点零序电压和馈线 3 固有零序电流以及表 5.2 中馈线 3 的数据完成故障选相函数 $f_A(\Delta Y'_A)$、$f_B(\Delta Y'_B)$、$f_C(\Delta Y'_C)$ 的计算，其中故障相数值最小，由此得出故障相。

表 5.6　分相调控选相仿真结果

调控相别	R_f/kΩ	$\dot{U}''_{0(t)}$/V	$I'_{3(t)}$/A	$f_t(\Delta Y'_t)$
A 相		1 000∠0°	38.54∠109.43°	109.54°
B 相	0.13	1 000∠240°	37.84∠128.50°	111.37°
C 相		1 000∠120°	48.62∠122.63°	2.12°
A 相		1 000∠0°	5.66∠107.44°	108.12°
B 相	1	1 000∠240°	4.96∠128.98°	110.07°
C 相		1 000∠120°	6.95∠122.63°	0.92°
A 相		1 000∠0°	1.45∠100.64°	101.24°
B 相	5	1 000∠240°	0.73∠132.16°	103.75°
C 相		1 000∠120°	1.64∠134.20°	1.02°
A 相		1 000∠0°	0.93∠95.42°	92.02°
B 相	10	1 000∠240°	0.20∠142.02°	95.20°
C 相		1 000∠120°	1.01∠144.27°	0.27°

由表 5.6 可知，配电网分别发生 0.13 kΩ、1 kΩ、5 kΩ、10 kΩ 单相接地故障时，对比三相的 $f_t(\Delta Y'_t)$，可以看出 C 相所对应的 $f_C(\Delta Y'_C)$ 在三相中均为最小值，根据判据判定故障相为 C 相，验证了本项目所提故障相判别原理推导的正确性。综合上述仿真结果即可得出单相接地故障发生在馈线 3 的 C 相，与实际情况相符。

第六章　YNyn6 电力变压器型电压源补偿装置性能测试

6.1　YNyn6 电力变压器型电压源灭弧性能测试

6.1.1　不同接地故障类型下 YNyn6 电力变压器型电压源灭弧性能测试

（1）经接地极接地故障。

为更真实地模拟实际金属性接地故障情形，设置导线直接接触金属扁体接地极情况如图 6.1 所示，将金属接地极插入地下 1 m 左右深度，将其视为大地接地阻抗值。

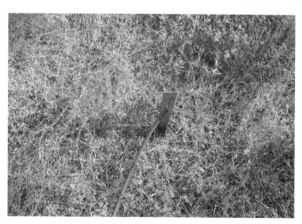

图 6.1　导线直接接触金属扁体接地极

接地极与泥土地接触如图 6.2 所示，接地体与泥土存在接触间隙，为防止空气间隙的大小造成接触的不充分，从而影响接触电阻的变化，在接地极安装过程中尽量保持充分接触工况。

土壤接地极过渡电阻曲线如图 6.3 所示，接地极在 5.77 kV 相电压放电条件下，接地过渡电阻稳定在 15.7 Ω，可近似模拟金属性单相接地故障情况。

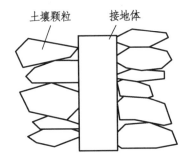

图 6.2 接地体与土壤之间的点接触

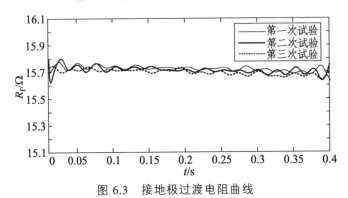

图 6.3 接地极过渡电阻曲线

经接地极接地故障实验场景下,得到 YNyn6 电力变压器型电压源补偿装置灭弧性能测试结果如表 6.1 及图 6.4 所示。

表 6.1 YNyn6 电力变压器型电压源补偿装置金属性接地故障测试数据

经接地极接地故障试验（永久性）			
故障前系统电压/V	U_a:6280.7	U_b:6365.51	U_c:6316.05	$3U_0$:165.93
故障线路	长真电容 5 线		
故障相	B		
选线结果	正确		
选相结果	正确		
抑制时间/ms	40		
故障类型判断正确性	正确		
是否符合预设逻辑	正确		

续表

经接地极接地故障试验（永久性）	
是否损坏系统元件	否
跨步电压/V	0.67
PT中性点电流/A	<1.5
故障点电压/V	57.3
故障点电流/mA	30
暂态过电压是否满足要求	是

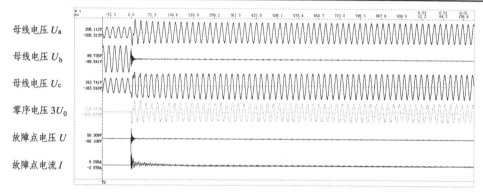

图6.4　B相接地极接地故障过程

（2）导线掉湿泥土地接地故障。

设置导线掉湿泥土地接地故障场景如图6.5所示，将导线插入湿泥土地中，将导线外皮剥落形成导线裸露，使土壤与导线充分接触。

图6.5　线路经户外干、湿泥土地接地电阻测量

湿泥土地接地故障过渡电阻变化曲线如图 6.6 所示，由图可知，经湿泥土地接地故障时过渡电阻为 100~200 Ω。

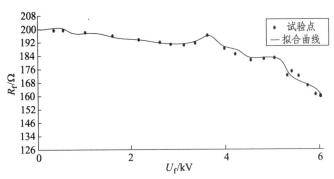

图 6.6 不接地方式下湿泥土地接地场景

得到经湿泥土地接地故障时 YNyn6 电力变压器型电压源补偿装置灭弧性能测试结果如表 6.2 及图 6.7、图 6.8 所示。

表 6.2 YNyn6 电力变压器型电压源补偿装置经湿泥土地故障试验数据

湿泥土地接地故障试验				
故障前电压/V	U_a:6193.21	U_b:6199.25	U_c:6290.3	$3U_0$:165.9
故障线路	长真电容 5 线			
故障类型	瞬时性故障		永久性故障	
故障相	A		B	
选线结果	正确		正确	
选相结果	正确		正确	
抑制时间/ms	90		95	
故障类型判断正确性	正确		正确	
是否符合预设逻辑	正确		正确	
是否损坏系统元件	否		否	
跨步电压/V	0.59		0.5	
故障点	电压/V	157		170
	电流/mA	30		30
PT 中性点电流/A	<1.5		<1.5	
暂态过电压是否满足要求	是		是	

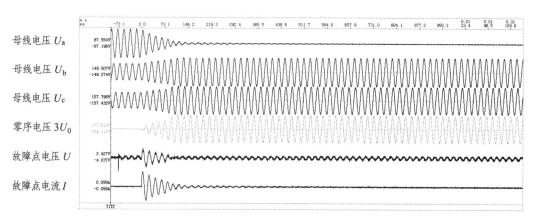

图 6.7 湿泥土地 A 相瞬时接地故障过程

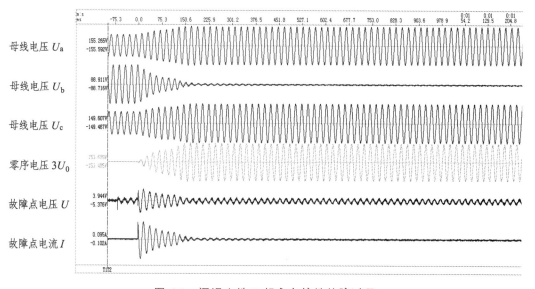

图 6.8 湿泥土地 B 相永久接地故障过程

（3）导线掉沙土地接地故障

设置导线掉沙土地接地故障场景试验，分别设置干沙土与湿沙土两种常见接地介质，现场导线掉沙土地形成稳定接触试验场景如图 6.9 所示。

（a）干沙土地

（b）湿沙土地

图 6.9　线路经沙土地接地故障试验

　　现场模拟导线掉沙土地接地故障，得到 YNyn6 电力变压器型电压源补偿装置灭弧性能测试结果如表 6.3 及图 6.10、图 6.11 所示。

表 6.3　YNyn6 电力变压器型电压源补偿装置经沙土地接地故障试验数据

经干、湿沙土地接地故障试验				
故障前电压/V	U_a:6190	U_b:6221.03	U_c:6256.99	$3U_0$:167.93
故障线路	长真电容 4 线			
故障类型	永久性故障			
故障相	A（干沙土地）		B（湿沙土地）	
选线结果	正确		正确	
选相结果	正确		正确	
抑制时间/ms	95		95	
故障类型判断正确性	正确		正确	
是否符合预设逻辑	是		是	
是否损坏系统元件	否		否	
跨步电压/V	0.78		0.7	
故障点 电压/V	163		150	
故障点 电流/mA	10		10	
PT 中性点电流/A	<1.5		<1.5	
暂态过电压是否满足要求	是		是	

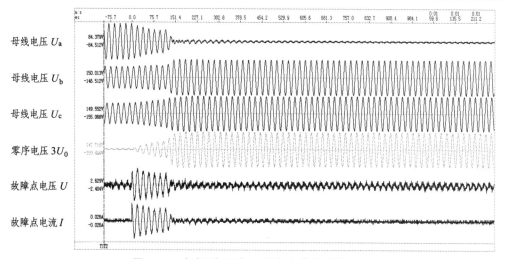

图 6.10　经湿沙土地 A 相永久接地故障过程

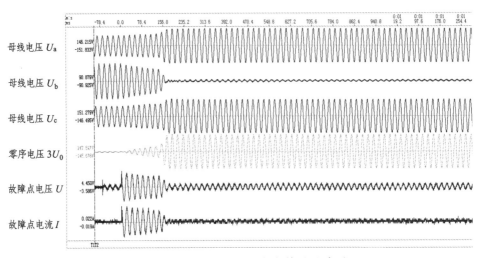

图 6.11 经干沙土地 B 相永久接地故障过程

（4）树枝碰线接地故障。

设置树枝碰线接地故障场景试验，分别设置活树枝与干枯树枝两种常见类型，通过裸露铝导线缠绕至树干，使得导线与树干充分接触，消除故障间隙造成的影响，形成单一控制变量，进而测试在 10 kV 配电网作用下，YNyn6 电力受压器型电压源补偿成套装置故障消弧效果，现场活树枝碰线稳定接触试验场景如图 6.12 所示。

（a）主视图

（b）局部放大图

图 6.12　导线经活树接地场景

保持试验条件不变，研究导线经干枯树枝接地场景，如图 6.13 所示。

（a）主视图

（b）局部放大图

图 6.13　导线经干枯树枝接地场景

　　导线经湿、干树枝接地故障场景下电力变压器型电压源补偿装置灭弧性能测试结果如表 6.4 及图 6.14 ~ 图 6.18 所示。

表 6.4　电力变压器型电压源补偿装置导线经树枝接地故障试验数据

导线经树枝接地故障试验					
故障前电压/V	U_a:6191.11	U_b:6190.52		U_c:6298.38	$3U_0$:171.9
故障线路	长真电容 4 线				
故障类型	瞬时性故障			永久性故障	
故障相	A	B	C	A	B
选线结果	正确	正确	正确	正确	正确
选相结果	正确	正确	正确	正确	正确
抑制时间/ms	220	300	300	219	290
故障类型判断正确性	正确	正确	正确	正确	正确
是否符合预设逻辑	是	是	是	是	是
是否损坏系统元件	否	否	否	否	否
跨步电压/V	0.62	0.6	0.68	0.7	0.7
故障点　电压/V	180	165	173	185	190
故障点　电流/mA	<10	<10	<10	<10	<10
PT 中性点电流/A	<1.5	<1.5	<1.5	<1.5	<1.5
暂态过电压是否满足要求	是	是	是	是	是

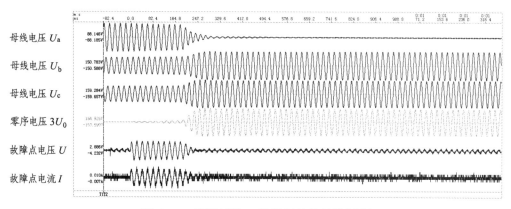

图 6.14　经湿树枝 A 相瞬时接地故障过程

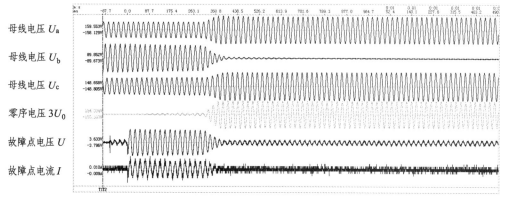

图 6.15　经干树枝 B 相瞬时接地故障过程

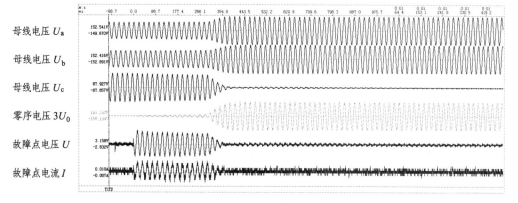

图 6.16　经干树枝 C 相瞬时接地故障过程

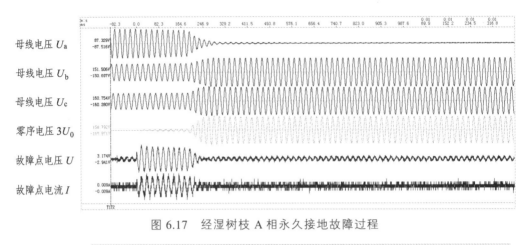

图 6.17　经湿树枝 A 相永久接地故障过程

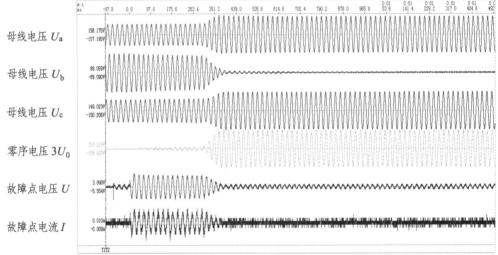

图 6.18　经干树枝 B 相永久接地故障过程

6.1.2　不同接地故障设备下 YNyn6 电力变压器型电压源灭弧性能测试

（1）环网柜接地故障

经环网柜接地故障时 Ynyn6 电力变压器型电压源补偿装置灭弧性能测试结果如表 6.5 及图 6.19 所示。

表 6.5　Ynyn6 电力变压器型电压源补偿装置环网柜接地故障试验数据

环网柜接地故障试验				
故障前电压/V	U_a:6193.21	U_b:6199.25	U_c:6290.3	$3U_0$:165.9
故障线路	长真电容 5 线			
故障类型	瞬时性故障		永久性故障	
故障相	A		C	
选线结果	正确		正确	
选相结果	正确		正确	
抑制时间/ms	95		95	
故障类型判断正确性	正确		正确	
是否符合预设逻辑	是		是	
是否损坏系统元件	否		否	
跨步电压/V	0.63		0.5	
故障点　电压/V	159		164	
故障点　电流/mA	30		30	
PT 中性点电流/A	<1.5		<1.5	
暂态过电压是否满足要求	是		是	

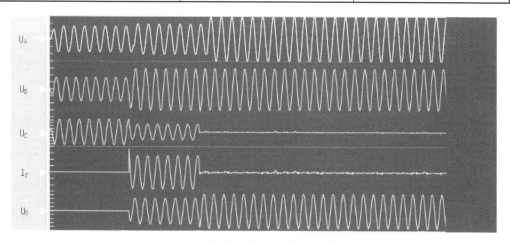

图 6.19　环网柜接地故障 C 相接地故障试验波形

（2）绝缘子接地故障。

经绝缘子接地故障时 YNyn6 电力变压器型电压源补偿装置灭弧性能测试结果如表 6.6 及图 6.20 所示。

表 6.6 YNyn6 电力变压器型电压源补偿装置绝缘子接地故障试验数据

绝缘子接地故障试验				
故障前电压/V	U_a:6191.52	U_b:6192.23	U_c:6297.1	$3U_0$:167.9
故障线路	长真电容 4 线			
故障类型	瞬时性故障		永久性故障	
故障相	B		A	
选线结果	正确		正确	
选相结果	正确		正确	
抑制时间/ms	300		285	
故障类型判断正确性	正确		正确	
是否符合预设逻辑	是		是	
是否损坏系统元件	否		否	
跨步电压/V	0.61		0.7	
故障点	电压/V	165		183	
	电流/mA	<10		<10	
PT 中性点电流/A	<1.5		<1.5	
暂态过电压是否满足要求	是		是	

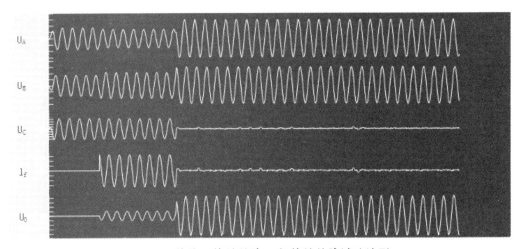

图 6.20 绝缘子接地故障 C 相接地故障试验波形

6.2 不同等效接地方式下性能分析

6.2.1 等效为不接地方式

通过操作 YNyn6 电力变压器型电压源补偿装置调控系统零序电压,使得零序电压与注入电流比值为一高阻抗,进而可将电力变压器型电压源补偿装置等效为不接地方式,确保零序电压为 0。

YNyn6 电力变压器型电压源补偿装置调控零序电压进行中性点不接地方式等效后,得到 10 kV 真型配电网实验数据如表 6.7 所示,三相电压实验录波波形如图 6.21 所示。

表 6.7　调控为不接地方式时系统实验数据

参数	注入电流前	注入电流后
A 相电压幅值/V	8 210	7 980
B 相电压幅值/V	7 740	7 980
C 相电压幅值/V	7 260	7 980
中性点电压幅值/V	449	0
注入电流幅值/A	—	0.25

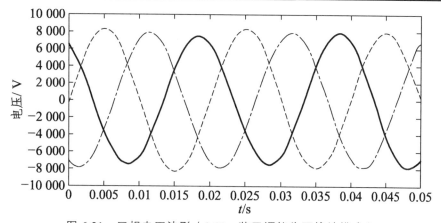

图 6.21　三相电压波形（0.03 s 装置调控为不接地模式）

由表 6.7 及图 6.21 可知，YNyn6 电力变压器型电压源补偿装置通过调控零序电压等效为中性点不接地方式后，三相电压被强制平衡，零序电压为 0，消除了配电网三相不对称因素的影响，等效并优于中性点不接地方式。

6.2.2 等效为小电阻接地方式

通过控制 YNyn6 电力变压器型电压源补偿装置调控中性点零序电压相位与故障相电势相位同相，得到 1 000 Ω C 相接地故障下控制零序电压有效值为 2 kV、3 kV、4 kV，但相位与故障相电源电势相位相同时实验数据及波形如表 6.8 及图 6.22～图 6.24 所示。

表 6.8 调控零序电压相位与故障相电源电势同相

零序电压有效值	零序电压相位	故障相电压		故障电流	
		调控前	调控后	调控前	调控后
2.00 kV			7.77 kV		7.77 A
3.00 kV	$\theta(\dot{E}_C)$	2.46 kV	8.77 kV	2.12 A	8.49 A
4.00 kV			9.77 kV		9.90 A

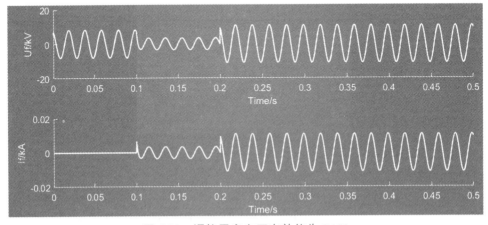

图 6.22 调控零序电压有效值为 2 kV

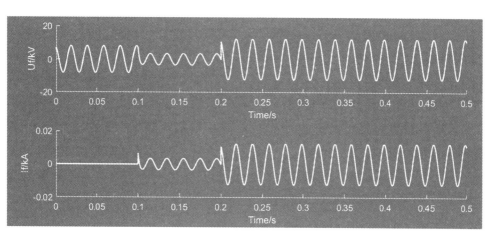

图 6.23　调控零序电压有效值为 3 kV

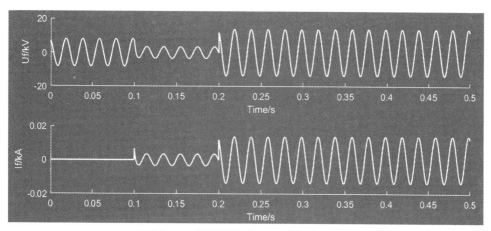

图 6.24　调控零序电压有效值为 4 kV

由上述实验结果可知，无源器件电压源补偿装置通过调控零序电压相位与故障相电源电势同相，可以有效增大故障电压、电流，达到了中性点小电阻接地的效果，有利于故障线路的保护与检修。

但与中性点经小电阻接地方式相比，小电阻接地方式的小电阻为恒值，而无源器件电压源补偿装置能通过调控零序电压，可等效为中性点不同电阻阻值接地效果，因此等效并优于小电阻接地方式，且不会影响系统正常运行。

6.2.3 等效为消弧线圈接地方式

YNyn6 电力变压器型电压源补偿装置消弧线圈接地等效方式方法为：通过调控中性点零序电压为故障相电势反相电压。

为验证等效为消弧线圈接地方式效果，现场模拟 6 种单相接地故障：经电阻接地故障（1 kΩ、10 kΩ、16 kΩ）、经金属接地故障、经泥土地断线弧光和经水泥地断线弧光实验，经电阻接地实验接地如图 6.25，经泥土地断线弧光接地如图 6.26 所示。

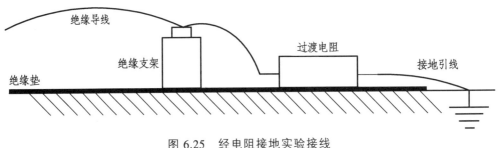

图 6.25 经电阻接地实验接线

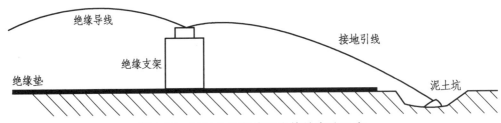

图 6.26 经泥土地断线弧光接地实验示意

经电阻接地现场如图 6.27 所示，经泥土地断线弧光接地如图 6.28 所示。

图 6.27 16 kΩ过渡电阻接地现场

图 6.28 泥土地断线弧光接地现场

现场模拟 6 种单相接地故障：经电阻接地故障（1 kΩ、10 kΩ、16 kΩ）、经金属接地故障、经泥土地断线弧光和经水泥地断线弧光实验，每种工况分别在装置退出、投入两种情况下进行，共进行 19 次单相接地模拟实验。实验项目如表6.9 所示。

表 6.9　人工模拟单相接地实验

序号	实验类型	装置退出次数	装置投入次数
1	经 1 kΩ电阻接地	2	2
2	经 10 kΩ电阻接地	3	1
3	经 16 kΩ电阻接地	1	1
4	经金属接地	2	2
5	经泥土地断线弧光	1	1
6	经水泥地断线弧光	0	3

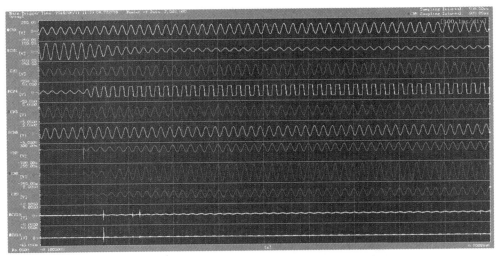

图 7.29　经 1 kΩ电阻 B 相接地，装置退出站内故障波形

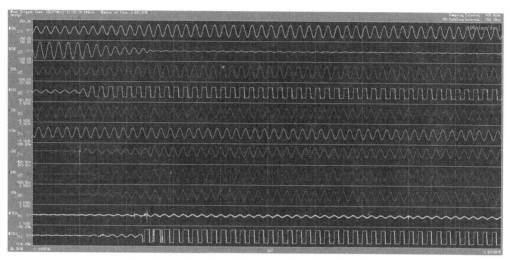

图 6.30　经 1 kΩ 电阻 B 相接地，装置投入站内故障波形

表 6.10　1 kΩ 电阻接地实验数据

	A 相电压 /V	B 相电压 /V	C 相电压 /V	中性点 电压/V	故障点 电流/A	响应时间
正常态	6 196.0	5657.0	5 841.0	304.0	无	无
故障态	6 607.0	4948.0	6 440.0	997.0	6.1	无
补偿后	10 350.0	210.0	10 550.0	6 110.0	0.15	150 ms

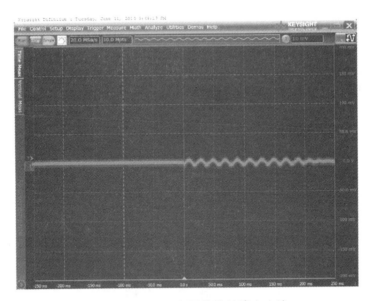

图 6.31　16 kΩ电阻接地故障点电流

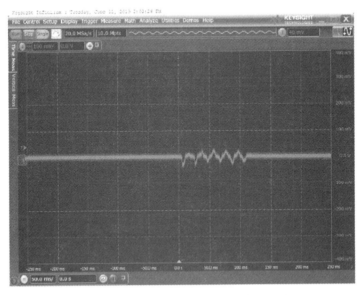

图 6.32　泥土断线弧光接地故障点电流

25

表 6.11   经 16 kΩ电阻接地实验数据

	A 相电压 /V	B 相电压 /V	C 相电压 /V	中性点 电压/V	故障点 电流/A	响应时间
正常态	6 270.0	5 740.0	5 920.0	310.0.0	无	无
故障态	6 386.0	5451.0	6 152.0	530	0.34	无
补偿后	10 340.0	230.0	10 550.0	6 110.0	0.02	220 ms

表 7.12   经泥土地断线弧光接地实验数据

	A 相电压 /V	B 相电压 /V	C 相电压 /V	中性点 电压/V	故障点 电流/A	响应时间
正常态	6 297.0	5 744.0	5 934.0	311.0	无	无
故障态	8 180.0	2 430.0	8 150.0	3 520.0	0.72	无
补偿后	10 330	230.0	10 530.0	6 090	0.03	220 ms

　　根据上述实验数据可知，对于不同单相接地故障工况，YNyn6 电力变压器型电压源补偿装置投入调控零序电压为故障相电源电势反向电压时,可以有效抑制故障电压、电流，故障相电压小于 300 V，故障电流抑制到 mA 级，接地故障电流几乎得到全补偿，大大提高了配电网供电可靠性，减少了人身安全事故和停电风险。因此，该方式等效并优于消弧线圈接地方式。

6.3   选相失败条件下零序电流、故障电流分析

　　为研究分析 YNyn6 电力变压器型电压源补偿装置接地故障相判别错误补偿时的零序电流及故障点电流变化，及对配电系统冲击的影响，在 10 kV 真型配电网中设置长集中电容 4 线在 0.1 s 时在 C 相发生单相金属性接地故障，故障选相错选为 B 相，装置在 0.25 s 时进行补偿，调节 B 相电压后，中性点电流 I_0 幅值如图 6.33 所示，其幅值约为 557 A，故障点电流 I_f 幅值约为 558 A，提取处理故障录波数据，得到中性点电流与故障点电流幅值如图 6.33 所示。

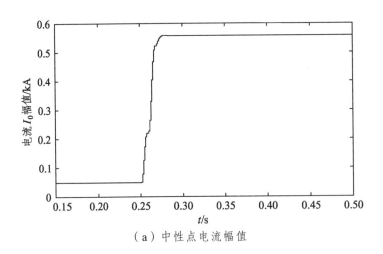

（a）中性点电流幅值

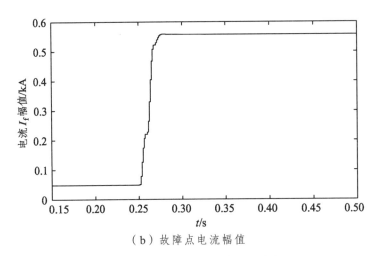

（b）故障点电流幅值

图 6.33　中性点电流与故障点电流幅值

　　而当主动干预故障相转移装置选相失败时（转移相限流电阻为 0.1 Ω），设置与 YNyn6 电力变压器型电压源补偿装置同样的接地故障条件，提取处理故障录波实验数据，得到调节 B 相电压后中性点电流 I_o 和故障点电流 I_f 幅值如图 6.34 所示，中性点电流 I_o 幅值约为 48.45 kA，故障点电流 I_f 幅值约为 48.43 kA。

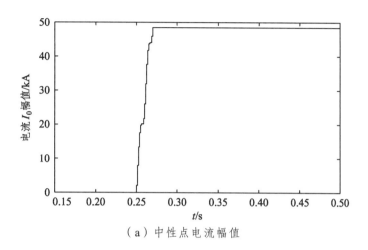

（a）中性点电流幅值

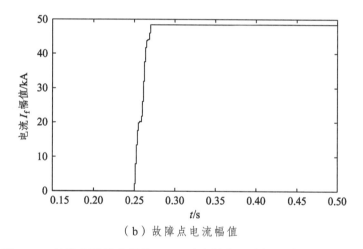

（b）故障点电流幅值

图 6.34　转移相限流电阻为 0.1 Ω时中性点电流与故障点电流幅值

在主动干预故障相转移装置基础上再次设定 0.1 s时在 C 相发生单相金属性接地故障，故障选相错选为 B 相，装置在 0.25 s 时进行故障相转移，其转移相限流电阻为 1 Ω，提取处理故障录波实验数据，得到调节 B 相电压后中性点电流 I_0 和故障点电流 I_f 幅值如图 6.35 所示，中性点电流 I_0 幅值约为 9.37 kA，故障点电流 I_f 幅值约为 9.39 kA。

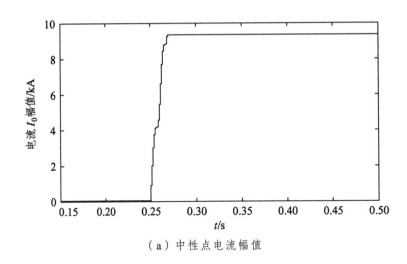

（a）中性点电流幅值

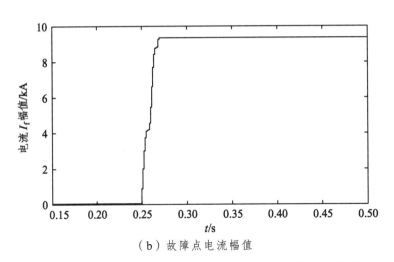

（b）故障点电流幅值

图 6.35　转移相限流电阻为 1 Ω时中性点电流和故障点电流幅值

　　再在主动干预故障相转移装置基础上再次设定 0.1 s 时在 C 相发生单相金属性接地故障，故障选相错选为 B 相，装置在 0.25 s 时进行故障相转移，其转移相限流电阻为 10 Ω，提取处理故障录波实验数据，得到调节 B 相电压后中性点电流 I_o 和故障点电流 I_f 幅值如图 6.36 所示，中性点电流 I_o 幅值约为 1.03 kA，故障点电流 I_f 幅值约为 1.01 kA。

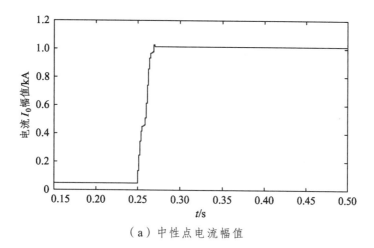

（a）中性点电流幅值

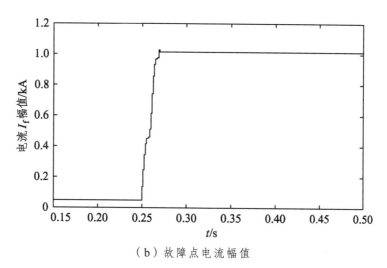

（b）故障点电流幅值

图 6.36　转移相限流电阻为 10 Ω时中性点电流和故障点电流幅值图

　　从实验测试数据分析可以看到，在选错相的情况下，故障相转移消弧装置在转移相限流电阻分别为 0.1 Ω、1 Ω和 10 Ω三种情况下产生的接地故障电流比 YNyn6 电力变压器型电压源补偿装置选错相产生的零序电流、接地故障电流均大 86.8 倍、6.8 倍和 1.8 倍，实验数据如表 6.13 所示。

表 6.13   故障相转移消弧装置与 YNyn6 电力变压器型电压源补偿装置
零序电流、故障点电流幅值对比

消弧系统名称	转移相接地限流电阻	零序电流	故障点电流幅值
故障相转移消弧装置	0.1 Ω	48.45	48.43 kA
	1 Ω	9.37	9.39 kA
	10 Ω	1.03 kA	1.01 kA
YNyn6 电力变压器型电压源补偿装置	—	0.557 A	0.558 kA

因此，由表 6.13 可以看出，当接地故障相出现错判时，YNyn6 电力变压器型电压源补偿装置较故障相转移消弧装置而言，零序电流与接地故障电流均相对较小，故对配电系统冲击影响也更小，不会造成系统设备损坏情况，系统能够可靠稳定运行。

6.4   降压调节能力与电缆弧光阀值电压测试试验分析

为进一步考察 YNyn6 电力变压器型电压源补偿原理的正确性及接地故障电弧的零休特性,在 10 kV 真型配电网实验室搭建了相关配电网单相接地故障降压消弧模型,开展接地故障降压消弧实验,并进行电缆弧光阈值电压测试实验,分别进行了电缆瞬时受损、受损电缆电压逐渐升高和受损电缆电压逐渐降低实验。

人为破坏 10 kV 电缆铠装及绝缘层,以模拟电缆线路因绝缘劣化导致的弧光故障。向配电网接地变引出的系统中性点注入幅值、相位可控电流,灵活调控配电网中性点电压,控制故障相电压逐渐由额定电压降低至零,检测中性点电压与接地故障工频电流的幅值有效值变化趋势如图 6.37 与图 6.38 所示,控制中性点注入电流逐渐增大,中性点电压随之升高,故障相电压则逐渐降低。

当故障相电压幅值有效值高于 1.4 kV（约 24%相电压）时，即便故障电流持续降低，但故障电弧依然重燃，燃弧情况如图 6.39（a）所示。当故障相电压幅值有效值低于 1.4 kV 时，此时故障电压受到大幅抑制，根据电弧零休特性，故障电压恢复速度将小于绝缘恢复速度，因此检测到接地故障电流消除，故障电弧熄灭，如图 6.39（b）所示。

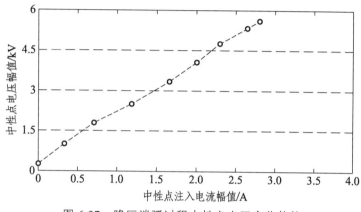

图 6.37　降压消弧过程中性点电压变化趋势

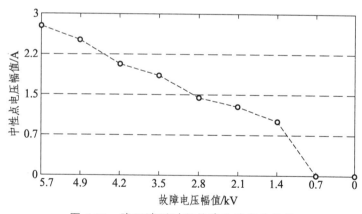

图 6.38　降压消弧过程故障电流变化趋势

（a）电缆故障燃弧

（b）电缆故障熄弧

图 6.39　电缆电弧故障降压实验

　　图 6.40～图 6.42 分别展示了电缆受损瞬时加压、受损电缆电压逐渐升高和受损电缆电压逐渐降低实验时，故障相电压与接地故障电流的检测波形，母线电压互感器变比 $n = 100$，故障点电流互感器变比 $n = 1$。试验结果如下：

电力电缆带电正常运行时，实验室模拟相对地 5.7 kV，电缆在外力破坏下绝缘受损，放电波形如图 6.40 所示。可以看出，系统正常运行时，电缆绝缘受损时立刻发生弧光放电，随着电弧电压方向的交替变换，故障点恢复电压低于电弧燃烧的电压阀值时，电弧熄灭，当故障点电流经零休时刻后，恢复电压高于电弧燃烧的电压阀值时，电弧重燃。

对于绝缘受损的电缆，逐渐增大故障相电缆电压，当电压小于起弧临界值（1 000 V 左右）时，受损处不放电。逐渐增大超过临界值时，在电场的作用下，绝缘开始击穿，如图 6.41 所示。

对于绝缘受损的电缆，逐渐降低故障相电缆电压，当电压大于起临界值（1 000 V 左右）时，受损处持续放电。逐渐增大小于临界值时，电弧熄灭，如图 6.42 所示。

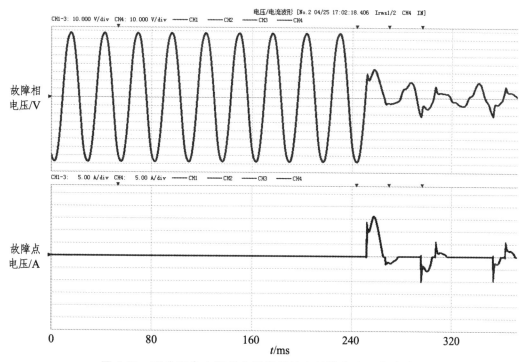

图 6.40　系统正常电缆外力受损时放电故障点电压电流波形

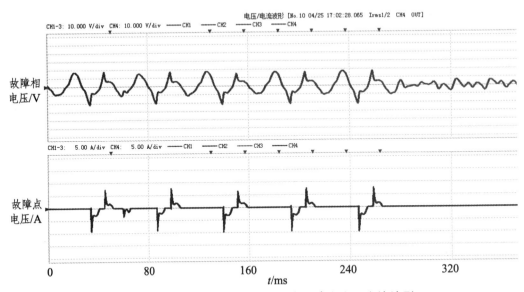

图 6.41 外力受损电缆，逐渐增大故障点电压电流波形

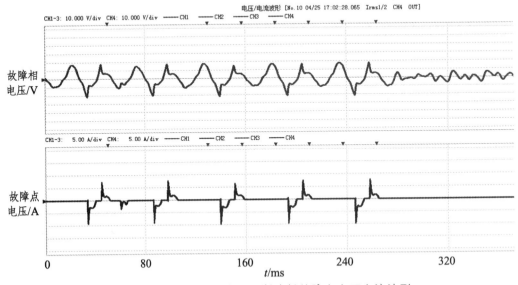

图 6.42 外力受损电缆，逐渐降低故障点电压电流波形

实验验证了在电缆绝缘受损的情况下，存在燃弧电压阈值，在阈值电压以下电弧熄灭，故障电流实现有效消除。因此，线路绝缘故障后安全运行域为燃弧电压阈值以下；并通过将故障相电压回调至燃弧阈值邻域内，减小非故障相绝缘耐压值，达到安全运行的效果。

6.5　10 kV 真型配电网实验室试运行效果

为进一步验证 YNyn6 电力变压器型电压源补偿装置，将 YNyn6 电力变压器型电压源补偿装置样机接入 10 kV 真型配电网实验室短期试运行，并模拟设置接地故障。

短期试运行期间长真 6 线电缆线路 A 相发生弧光接地故障，故障录波如图 6.43 ~ 图 6.50 所示。电缆放电开始时，由于电弧非线性特性，系统零序电流在故障后一个到两个周波内震荡衰减，A 相电压跌落至 1 kV 左右，非故障线路电压电流抬升；经过 160 ms 故障检测，配电网电力变压器型电压源补偿装置启动，在 100 ms 内将故障相 A 相电压降低至约 100 V 故障电弧熄灭，系统零序电流不再呈现出电弧熄零特征，发送运行人员故障信号，保证故障电缆线路事故无扩大化，确保了 10 kV 真型配电网的可靠运行，灭弧效果显著。

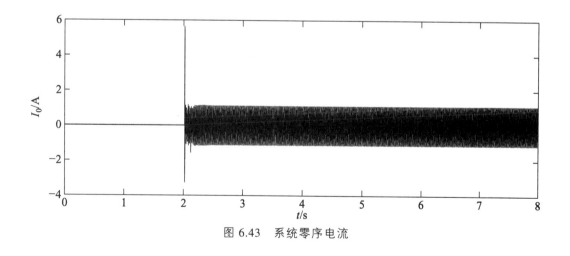

图 6.43　系统零序电流

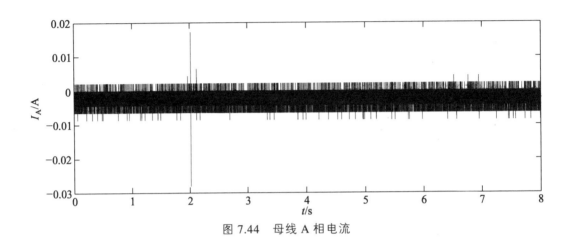

图 7.44　母线 A 相电流

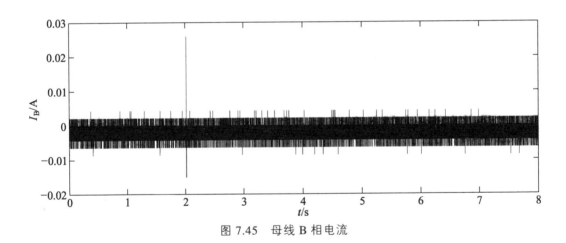

图 7.45　母线 B 相电流

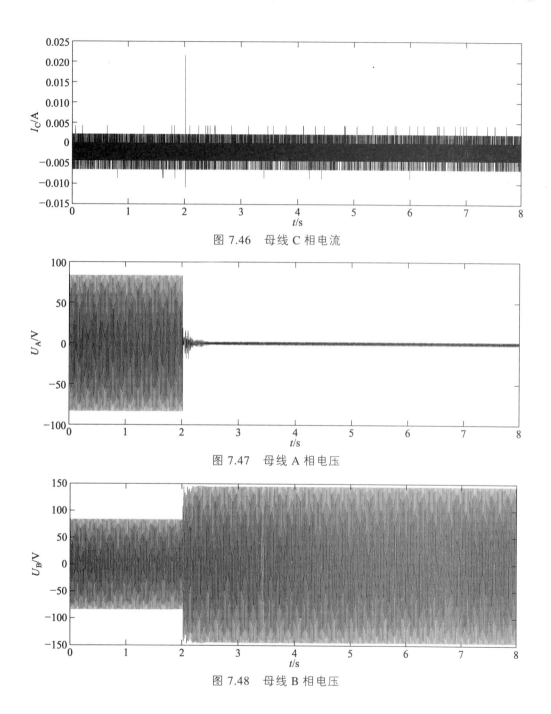

图 7.46　母线 C 相电流

图 7.47　母线 A 相电压

图 7.48　母线 B 相电压

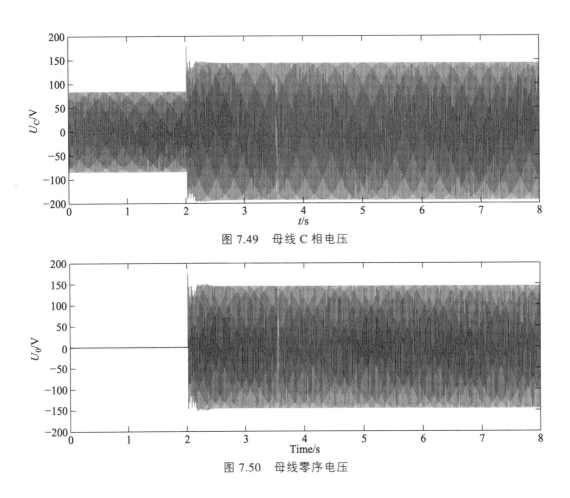

图 7.49　母线 C 相电压

图 7.50　母线零序电压

参考文献

[1]　要焕年,曹梅月. 电力系统谐振接地[M]. 2 版. 北京:中国电力出版社,2009.

[2]　于洋,范荣奇,徐丙垠,等. 小电流接地故障保护技术及其发展[J]. 供用电,2023,40(02):1-8.

[3]　栾晓明,武守远,贾春娟,等. 基于改进零序导纳法的单相接地故障选线原理[J]. 电网技术,2022,46(1):353-360.

[4]　要焕年,曹梅月. 电力系统谐振接地[M]. 北京:中国电力出版社,2009. 13-14

[5]　郭谋发,游建章,郑泽胤. 配电网单相接地故障柔性消弧技术综述[J/OL]. 高电压技术:1-13[2023-03-20].

[6]　林海,梁志瑞. 消弧线圈分散补偿单相接地故障运行特性分析[J]. 电测与仪表,2018,55(17):27-31+47.

[7]　曾祥君,李理,喻锟等. 配电网相电源馈入中性点的接地故障相主动降压消弧新原理[J/OL]. 中国电机工程学报:1-14[2023-03-20].

[8]　喻锟,杨理斌,曾祥君等. 风电场集电线路单相接地故障柔性电压消弧与动态保护新原理[J/OL]. 中国电机工程学报:1-14[2023-03-20].

[9]　王彬,孙岩洲,宋晓燕,等. 基于有源逆变技术的综合消弧方法[J]. 电工技术,2022(17):85-90.

[10]　M. -F. Guo, J. -H. Gao, X. Shao and D. -Y. Chen, "Location of Single-Line-to-Ground Fault Using Convolutional Neural Network and Waveform Concatenation in Resonant Grounding Distribution Systems," in IEEE Transactions on Instrumentation and Measurement, vol. 70, pp. 1-9, 2021, Art no. 3501009.

[11] 田业，刘轩，姚雪松，等. 基于 SAX 及空间信息熵的谐振接地系统单相接地故障选线方法[J/OL]. 南方电网技术：1-11[2023-03-20].

[12] 王志成，宋国兵，常仲学，雷智荣，党长富，魏志峰，刘海阳. 配电网单相接地故障时的对地参数实时测量和选线方法[J/OL]. 电网技术：1-10[2023-03-20].

[13] 杨帆. 基于有源工频电流注入的配电网对地参数精确测量[J]. 电力科学与技术学报，2018，33（01）：81-87.

[14] L. J. Kingrey, R. D. Painter and A. S. Locker, "Applying High-Resistance Neutral Grounding in Medium-Voltage Systems," in IEEE Transactions on Industry Applications, vol. 47, no. 3, pp. 1220-1231, May-June 2011.

[15] Syvokobylenko V. F., Lysenko V. A.. Mathematical Modeling of New Algorithms for Single-Phase Earth Faults Protection in a Compensated Electrical Network[J]. Problems of the Regional Energetics,2019,41(1-2).

[16] 吴茜，蔡旭，徐波. 具有两级磁阀的消弧线圈关键参数设计[J]. 电工技术学报，2011，26（10）：224-230.

[17] 庞清乐，孙同景，穆健，等. 气隙调感式消弧线圈控制系统的设计[J]. 高电压技术，2006（04）：8-10.

[18] 陈刚，蔡旭，江道灼. 偏磁式消弧线圈的新型调谐原理[J]. 电力系统及其自动化学报，2003（01）：15-21.

[19] Kutumov, Yu. D. "Development of a Method of Automatic Single Phase to Earth Fault Current Compensation in Networks with Arc Suppression Coil in Neutral Point", 2022 5th International Youth Scientific and Technical Conference Relay Protection and Automation, RPA 2022

[20] B. Fan et al. , "Principle of Flexible Ground-Fault Arc Suppression Device Based on Zero-Sequence Voltage Regulation," in IEEE Access, vol. 9, pp. 2382-2389, 2021.

[21] O. P. Mahela, J. Sharma, B. Kumar, B. Khan and H. H. Alhelou, "An algorithm for the protection of distribution feeders using the Stockwell and Hilbert transforms supported features," in CSEE Journal of Power and Energy Systems, vol. 7, no. 6, pp. 1278-1288, Nov. 2021.

[22] 潘姝慧，白浩，周长城，吴丽芳，杨立国，李旭. 配电网新型消弧技术综述[J]. 供用电，2022，39（02）：42-47+64.

[23] 王鹏，张贺军，徐凯，徐铭铭，石访. 主动干预型消弧装置的附加电阻故障选相方法[J]. 电力工程技术，2020，39（04）：180-186.

[24] SINCLAIR J, GRAY I. Assessing the potential for arc suppression coil technology to reduce customer interruptions and customer minutes lost[C]. The 20th International Conference and Exhibition on Electricity Distribution, June 8-11, 2009.

[25] 胡裕峰，杨琴，齐金伟，等. 主动干预装置与消弧线圈并列消弧技术分析[J]. 电力系统及其自动化学报，2020，32（10）.

[26] 曾祥君，卓超，喻锟，等. 基于接地变压器绕组分档调压干预的配电网主动降压消弧与保护新方法[J]. 中国电机工程学报，2020，40（05）

[27] 曾祥君，王沾，喻锟，等. 相电源馈入中性点的配电网接地故障相主动降压消弧装置及其应用[J]. 高电压技术，2022，48（09）：3356-3366

[28] RORABAUGH J, SWISHER A, PALMA J, et al. Resonant grounded isolation transformers to prevent ignitions from powerline faults[J]. IEEE Transactions on Power Delivery, 2021, 36(4): 2287-2297.

[29] 曲轶龙，董一脉，谭伟璞，等. 基于单相有源滤波技术的新型消弧线圈的研究[J]. 继电器，2007，35（3）：29-33.

[30] 李一博. 基于柔性全补偿消弧装置的配电网对地电容电流测量技术研究[D]. 郑州：华北水利水电大学，2019

[31] 郭谋发，陈静洁，张伟骏，等. 基于单相级联 H 桥变流器的配电网故障消

弧与选线新方法[J]. 电网技术，2015，39（09）：2677-2684.

[32] 吕涛，邵文权，程远，等. 配电网有源消弧深度补偿的分析与仿真研究[J]. 智慧电力，2018，46（4）：33-38.

[33] 周兴达，陆帅. 一种基于消弧线圈和静止同步补偿器协同作用的配电网消弧结构与方法[J]. 电工技术学报，2019，34（6）：1251-1262.

[34] 曾祥君，王媛媛，李健，等. 基于配电网柔性接地控制的故障消弧与馈线保护新原理[J]. 中国电机工程学报，2012，32（16）：137-143.

[35] 刘宝稳，曾祥君，张慧芬，等. 不平衡零序电压快速精准抑制与电压消弧全补偿优化控制方法[J]. 电工技术学报，2022，37（03）：645-654.

[36] 郭谋发，蔡文强，郑泽胤，等. 计及线路阻抗及负荷影响的配电网柔性电压消弧法[J]. 电网技术，2022，46（03）：1117-1126.

[37] 曾祥君，喻锟，王媛媛. 基于聚类分析的配电网无整定保护技术[J]. 电力科学与技术学报，2014，29（01）：13-17.

[38] M. Shafiei, H. Pezeshki, G. Ledwich and G. Nourbakhsh, "Fault Detection in LV Distribution Networks Based on Augmented Complex Kalman Filter," 2019 29th Australasian Universities Power Engineering Conference (AUPEC), Nadi, Fiji, 2019, pp. 1-5.

[39] 张乃刚，张加胜，郑长明，等. 基于零序电流幅值分布相似性的小电流接地故障定位方法[J]. 电力系统保护与控制，2018，46（13）：120-125.

[40] 吕高. 基于零序电流比幅法的故障选线法[J]. 中北大学学报（自然科学版），2014，35（04）：473-478.

[41] Burke J, Marshall M. Distribution system neutral grounding[C]/ Transmission and Distribution Conference and Exposition,2001 IEEE/PES. IEEE, 2001:166-170 vol. 1.

[42] 潘本仁，宋华茂，张秋凤，等. 小电流接地故障无功功率分析及选线新方法[J]. 电力系统保护与控制，2017，45（14）：51-56.

[43] 金鑫, 薛永端, 彭振华, 等. 仅利用零序电流的谐振接地系统接地故障方向算法[J]. 电力系统自动化, 2020, 44 (09): 164-170.

[44] 王建元, 张峥, 杨爽. 基于五次谐波法与改进型锁相环结合的配电网故障选线研究[J]. 东北电力大学学报, 2018, 38 (03): 1-7.

[45] K. Pandakov, H. K. Høidalen and S. Trætteberg, "An Additional Criterion for Faulty Feeder Selection During Ground Faults in Compensated Distribution Networks," in IEEE Transactions on Power Delivery, vol. 33, no. 6, pp. 2930-2937, Dec. 2018.

[46] 韦莉珊, 贾文超, 焦彦军. 基于 5 次谐波与导纳不对称度的配电网单相接地选线方法[J]. 电力系统保护与控制, 2020, 48 (15): 77-83.

[47] 徐桂培, 吴小宁, 张国龙, 等. 基于五次谐波特征数据的配网单相接地故障识别方法[J]. 电工技术, 2021 (04): 70-72+76.

[48] 殷培峰, 刘石红. 基于谐波与首半波结合的单相接地选线分析与研究[J]. 自动化与仪器仪表, 2013 (04): 19-21+225.

[49] 刘漫雨, 吕立平, 丁冬, 等. 基于 TDFT 非同步采样的首半波法小电流接地故障研究[J]. 电测与仪表, 2018, 55 (23): 22-28+33.

[50] 冯光, 管廷龙, 王磊, 等. 利用电流–电压导数线性度关系的小电流接地系统接地故障选线[J]. 电网技术, 2021, 45 (01): 302-311.

[51] 高杰, 程启明, 程尹曼, 等. 基于量子遗传双稳态系统的配电网故障选线方法[J]. 电力自动化设备, 2018, 38 (05): 164-170+203.

[52] 陈霄, 居荣. 基于 KNN 算法的配电网单相接地故障选线研究[J]. 南京师范大学学报 (工程技术版), 2020, 20 (03): 27-31+92.

[53] Saari J Lundberg J Odelius J Rantatalo M. Selection of features for fault diagnosis on rotating machines using random forest and wavelet analysis[J]. INSIGHT, 2018, 60 (8)

[54] 周铁生, 刘洋, 牛益国, 等. 基于 S 变换的配电网零序导纳故障选线方法[J].

燕山大学学报，2018，42（05）：394-399.

[55] Di S, Hongwei Z, Lei W, et al. Research of fault line selection algorithm based on fuzzy theory for distribution network[C]. The 16th IET International Conference on AC and DC Power Transmission （ACDC 2020）. 2021.

[56] 柳瑾，阮玉斌，金涛，等. 基于模糊理论的配电网多判据融合故障选线方法研究[J]. 电气技术，2016（10）：23-30.

[57] F. M. Rivera-Calle, L. I. Minchala-Ávila, J. C. Montesdeoca-Contreras and J. A. Morales-Garcia, "Fault diagnosis in power lines using Hilbert transform and fuzzy classifier," 2015 International Conference on Electrical Systems for Aircraft, Railway, Ship Propulsion and Road Vehicles （ESARS）, Aachen, Germany, 2015, pp. 1-5.

[58] Janssen M, Kraemer S, Schmidt. R, et al. Residual Current Compensation （RCC） for Resonant Grounded Transmission Systems Using High Performance Voltage Source Inverter. IEEE PES. 2003.

[59] 姬大潜. 有源全补偿消弧线圈试验装置的研究[D]. 华北电力大学（北京），2009.

[60] 陈忠仁，张波. 基于主从逆变器的无感消弧有源接地补偿系统[J]. 电力自动化设备，2014，34（06）：62-67. 周念成，肖舒严，虞殷树，等. 基于质心频率和 BP 神经网络的配网故障测距[J]. 电工技术学报，2018，33（17）：4154-4166.

[61] 刘永康. 基于双闭环控制的有源电压消弧方法的优化研究[D]. 中国矿业大学，2019.

[62] 艾绍贵，李秀广，黎炜，等. 配电网快速开关型消除弧光接地故障技术研究[J]. 高压电器，2017，53（03）：178-184. 梁喆，杨铁梅. 基于极限学习机的小电流接地故障融合选线[J]. 太原科技大学学报，2018，39（03）：195-202.

[63] 范松海，陈坤燚，肖先勇，等. 配电网单相接地故障残余电流转移消弧方法

[J]. 电测与仪表，2019，56（11）：20-25.

[64] K. J. Sagastabeitia, I. Zamora, A. J. Mazon, et al. Phase Asymmetry: A New Parameter for Detecting Single-Phase Earth Faults in Compensated MV Networks[J]. IEEE Transactions on Power Delivery, 2011, 26（04）: 2251-2258.

[65] 曾祥君，王媛媛，李健，等. 基于配电网柔性接地控制的故障消弧与馈线保护新原理[J]. 中国电机工程学报，2012，32（16）：137-143. DOI：10. 13334/j. 0258-8013. pcsee. 2012. 16. 019.

[66] 陈锐，周丰，翁洪杰，等. 基于双闭环控制的配电网单相接地故障有源消弧方法[J]. 电力系统自动化，2017，41（05）：128-133.